노벨상을 꿈꿔라 8

2022 노벨 과학상 수상자와
연구 업적 파헤치기

노벨상을 꿈꿔라 8

초판 1쇄 발행 2023년 3월 10일

글쓴이	이충환 이종림 한세희
펴낸이	이경민

편집	양승순
디자인	박영정
펴낸곳	(주)동아엠앤비
출판등록	2014년 3월 28일(제25100-2014-000025호)
주소	(03972) 서울특별시 마포구 월드컵북로 22길 21 2층
전화	(편집) 02-392-6903 (마케팅) 02-392-6900
팩스	02-392-6902
홈페이지	www.dongamnb.com
이메일	damnb0401@naver.com
SNS	

ISBN	979-11-6363-649-6 (43400)

동아엠앤비

노벨상을 꿈꿔라 8

2022 노벨 과학상 수상자와
연구 업적 파헤치기

이충환 이종림 한세희 지음

동아엠앤비

들어가며

"

과학 분야 한국인 노벨상 수상의 꿈
올해는 이뤄질까?

"

"제 대학 생활은 잘 포장해서 이야기해도 길 잃음의 연속이었습니다. 똑똑하면서 건강하고 성실하기까지 한 주위의 수많은 친구를 보면서 나 같은 사람은 뭘 하며 살아야 하나 고민했습니다. 잘 쉬고 돌아오라던 어느 은사님의 말씀이 듬성듬성해진 성적표 위에서 아직도 저를 쳐다보고 있는 듯합니다."

이 말은 2022년 필즈상을 수상한 허준이 교수가 서울대 졸업식에서 한 연설문의 일부입니다. 해마다 노벨상 소식을 고대하는 우리에게 노벨상은 아니지만 2022년에 반가운 소식이 들려왔습니다. 프린스턴대 수학과 허준이 교수가 한국계 최초로 '수학의 노벨상'이라 불리는 필즈상을 수상했다는 소식이었지요. 그런데 우리를 더욱 놀라게 만든 것은 놀라운 업적을 이룬 그의 소박한 태도였습니다.

그는 어렵사리 들어간 대학 생활에 잘 적응하지 못했습니다. 자주 휴학을 했고 성적도 좋지 않은 과목이 많았습니다. 그러다가 일본인 히로나카 교수를 만나면서 뒤늦게 수학의 매력에 빠져들기 시작했습니다. 거듭된 방황과 실패 속에서 수학이라는 학문을 향한 순수한 열정이 없었다면 필즈상 수상의 쾌거는 이루지 못했을 겁니다. 과학에서도 마찬가지입니다. 과학에 대한 순수한 열정과 끊임없이 탐구하는 태도가 없다면 우리는 노벨상은커녕 작은 연구 성과도 이루지 못할지 모릅니다.

　과학 분야 노벨상에 대한 우리나라 국민들의 갈증은 오래됐습니다. 그러나 이번에도 한국의 과학자들은 수상자 명단에 오르지 못했지요. 노벨상은 권위만큼이나 심사가 까다로워 단기 성과만으로는 부족하고 보통 20~30년에 걸친 연구 업적을 바탕으로 수상자를 결정한다고 알려져 있습니다. 기초 과학 연구에 대한 투자가 늦은 우리가 그동안 노벨상과 인연이 없었다는 것은 어쩌면 당연한 결과라고 볼 수 있지요. 노벨상 자체에 열을 올릴 것이 아니라 순수한 마음으로 연구에 매진할 수 있는 환경이 조성되었는지 생각해 봐야 할 때입니다.

　우리에겐 새롭게 도전해야 할 미래가 있습니다. 이 책을 읽고 있는 여러분 중의 한 사람이 미래 노벨상의 주인공이 될 수 있기를 기대해 봅니다. 과학을 좋아하는 여러분 또한 인류에게 희망과 복지를 선사하는 주인공이 될 수 있어요. 이 책에는 과학자들의 땀과 열정이 담겨 있습니다. 책을 읽는 동안 여러분의 상상력과 호기심을 맘껏 자극해 보길 바랍니다. 그리고 과학에 대한 열정을 키우고 큰 꿈을 꾸길 바랍니다.

2023년 어느 날

$$E = mc^2$$

차례

들어가며 · **04**

1 2022 노벨상

인류의 삶을 위해 지식의 지평을 넓히다 · **11**

2022 노벨 과학상 · **19**

2022 이그노벨상 · **26**

확인하기 · **31**

2 2022 노벨 물리학상

2022 노벨 물리학상, 수상자 세 명을 소개합니다! · **37**

몸풀기! 사전 지식 깨치기 · **39**

본격! 수상자들의 업적 · **56**

확인하기 · **72**

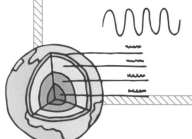

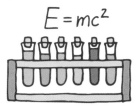

$E = mc^2$

3 2022 노벨 화학상

2022 노벨 화학상, 수상자 세 명을 소개합니다! • **78**

몸풀기! 사전 지식 깨치기 • **82**

본격! 수상자들의 업적 • **85**

확인하기 • **102**

4 2022 노벨 생리의학상

2022 노벨 생리의학상, 수상자를 소개합니다! • **108**

몸풀기! 사전 지식 깨치기 • **110**

본격! 수상자들의 업적 • **121**

확인하기 • **136**

참고 자료 • **139**

2022 노벨상

인류의 삶을 위해 지식의 지평을 넓히다
2022 노벨 과학상
2022 이그노벨상
확인하기

2022년 12월 10일 스웨덴 스톡홀름에서 열린 노벨상 시상식. © Nobel Prize Outreach/Nanaka Adachi

인류의 삶을 위해 지식의 지평을 넓히다

"러시아의 우크라이나 침략 때문에 노벨재단은 스톡홀름에서 열리는 올해 노벨상 시상식에 러시아와 벨라루스 대사를 초청하지 않기로 했습니다."

노벨재단이 2022년 노벨상 수상자를 모두 발표한 뒤인 10월 25일에 밝힌 성명 내용입니다. 그동안 매년 12월 10일 스웨덴 스톡홀름에서 개최되는 노벨상 시상식(물리학상, 화학상, 생리의학상, 문학상, 경제학상)에 관례대로 스웨덴 주재 각국 대사를 초청해 왔지만, 2022년에는 러시아와 벨라루스 대사를 초청 명단에서 제외했습니다. 러시아는 2022년 2월 24일 우크라이나를 침공했습니다. 러시아 병력의 일부는 당시 벨라루스를 통해 우크라이나로 침입했습니다. 벨라루스는 러시아의 주요 동맹국이고요.

노벨위원회는 극구 부인했지만, 2022년 노벨 평화상 선정도 우크라이나를 침공한 러시아를 겨냥한 듯합니다. 이번 노벨 평화상 수상자들이 옛 소련권 국가들의 단체와 개인이었기 때문입니다. 물론 노벨위

노벨상은 어떻게 만들어졌을까?

노벨상은 스웨덴의 발명가이자 화학자인 알프레드 노벨의 유언에 따라 만들어진 상입니다. 다이너마이트를 발명해 막대한 재산을 모은 노벨은 '남은 재산을 인류의 발전에 크게 공헌한 사람에게 상으로 주라'는 내용의 유서를 남겼거든요. 노벨상은 1901년부터 물리학, 화학, 생리의학, 문학, 평화처럼 노벨이 유서에 밝힌 5개 분야에 대해 시상하다가 1969년부터 경제학 분야가 추가됐어요. 시상식은 노벨이 세상을 떠난 12월 10일에 매년 개최됩니다.

노벨상 수상자에게
수여하는 노벨상
메달. © Nobel Prize
Outreach/Clément
Morin

원회 베리트 레이스-안데르센 의장은 러시아 정부와 벨라루스 정부가 인권활동가를 억압하는 권위주의적 정부를 대표한다는 사실을 제외하고는 이 상은 푸틴 러시아 대통령에 대항하기 위해서가 아니고 다른 의미도 없다고 설명했습니다.

2022년 노벨상 수상의 영광을 차지한 사람은 모두 12명이었고, 단체도 두 곳이었습니다. 물리학상, 화학상, 경제학상 수상자가 각각 3명, 생리의학상, 문학상 수상자가 1명이었고, 평화상은 활동가 1명, 단체 두 곳에 돌아갔어요. 최근에는 노벨상을 여러 명이 함께 받는 경우가 많은데, 한 분야에 최대 3명(단체)까지 가능하답니다. 단 훌륭한 업적을 남겼어도 이미 죽은 사람은 상을 받을 수 없습니다.

수상자를 선정하는 곳은 분야별로 정해져 있지요. 스웨덴 왕립과학아카데미에서 물리학상, 화학상, 경제학상 수상자를, 스웨덴 카롤린스카의대 노벨위원회에서 생리의학상 수상자를, 스웨덴 한림원에서 문학상 수상자를 각각 선정합니다. 평화상 수상자는 노르웨이 의회에서 지명한 위원 5명으로 구성된 노벨위원회에서 정한답니다. 모든 수상자는 매년 10월 초에 하루에 한 분야씩 발표합니다.

수상자들은 노벨상 메달과 증서, 상금을 받습니다. 메달은 분야마다 디자인이 약간씩 다르지만, 앞면에는 모두 노벨 얼굴이 새겨져 있어요. 증서는 상장이지만, 단순한 상장이 아닙니다. 그해의 주제나 수상자의 업적을 스웨덴과 노르웨이의 전문작가가 그림과 글씨로 표현한, 하나의 예술 작품이거든요.

상금은 매년 기금에서 나온 수익금을 각 분야에 똑같이 나누어 지급합니다. 그래서 상금액이 매년 다를 수 있는데, 2022년 노벨상의 상금은 2021년 상금과 같은 1000만 스웨덴 크로나(우리 돈으로는 약 13억 원)예요. 공동 수상일 경우에는

2022년 노벨상 수상자들. © Nobel Prize Outreach/Clément Morin

선정기관에서 정한 기여도에 따라 수상자들이 나눠 갖습니다.

2022년 노벨상의 특징은 먼저 여성 수상자가 2명 나왔다는 점을 꼽을 수 있습니다. 노벨 문학상을 받은 프랑스의 작가 아니 에르노, 노벨 화학상을 공동 수상한 미국의 캐럴린 버토지가 그 주인공들이지요.

또 대를 이은 수상자, 노벨상 2관왕이란 진기록도 쏟아졌습니다. 노벨 생리의학상 수상자인 스웨덴 출신의 진화생물학자 스반테 페보는 아버지에 이어 2대째 노벨상을 수상하는 영예를 누렸지요. 그의 아버지인 스웨덴 생화학자 수네 베리스트룀은 1982년 노벨 생리의학상을 공동 수상했어요. 페보와 베리스트룀은 부자가 대를 이어 노벨상을 받은 8번째 사례로 기록됐답니다.

노벨 화학상 수상자인 미국의 배리 샤플리스는 21년 만에 다시 노벨상을 수상했습니다. 샤플리스는 2001년 비대칭 촉매반응으로 노벨

화학상을 받아 두 번이나 노벨 화학상을 받는 기염을 토했습니다. 이로 써 역사상 과학 분야의 노벨상을 두 번 수상한 사람은 모두 5명이 됐답 니다.

자, 그럼 2022년 노벨상 수상자들은 어떤 업적을 인정받았을까요? 지금부터 노벨 문학상, 평화상, 경제학상 수상자들의 업적과 물리학, 화 학, 생리의학 등 노벨 과학상 수상자들의 연구 업적을 간단히 살펴봐요.

2022년 노벨 문학상 수상자 아니 에르노 작가.
© Nobel Prize Outreach/Clément Morin

노벨 문학상
인간의 욕망과 날것 그대로의 내면을 고백한
프랑스 여성 소설가
아니 에르노

2022년 노벨 문학상은 프랑스 현대문학의 대표적인 여성 소설가인 아니 에르노가 차지 했습니다. 프랑스는 노벨 문학상 수상자를 가 장 많이 배출한 나라인데, 에르노를 포함해 총 16명의 수상자가 나왔답니다. 그중 여성 수상 자는 에르노가 처음이고요.

스웨덴 한림원은 에르노에 대해 개인적 기 억의 근원, 소외, 집단적 억압을 예리하게 탐 구한 작가로 젠더, 언어, 계급 측면에서 첨예한 불균형으로 점철된 삶 을 다각도에서 지속적으로 고찰해 자신만의 작품 세계를 개척해 왔다 고 평가했습니다. 가난한 노동자 계급의 딸로 태어나 유명 작가이자 문학 교수가 된 에르노는 스스로 '계급 전향자'라고 불렀는데, 이 과정에서 경험한 사회적 불균형을 자신의 작품에 담아냈습니다.

에르노는 계급, 젠더와 관련된 개인적 경험에 바탕을 둔 자전적 소설을 쓰면서 자신만의 작품 세계를 구축해 왔습니다. 프랑스 문학에서 별로 다루지 않았던 하층민과 중하층의 일상을 다뤘고, 그들의 일상 이면에 있는 사회적, 역사적 구조도 들여다봤어요. 더욱이 직접 체험하지 않은 허구를 쓴 적이 한 번도 없다고 말할 정도로 인간의 욕망과 날것 그대로의 감정과 심리를 거침없이 파헤쳐 왔고요. 선정적이고 사실적인 내면을 고백했기 때문에 때로는 논란이 되는 문제작을 내놓기도 했답니다.

1974년 《빈 장롱》이란 소설을 처음 선보이며 데뷔한 이래 20편의 저서를 출간했습니다. 모두가 현대 프랑스의 사회생활을 드러내는, 미묘하면서도 통찰력 있는 작품들로 평가받았지요. 특히 제2차 세계대전이 끝난 이후 현재까지 프랑스 사회의 변화를 60여 년에 이르는 자신의 삶과 엮어 들여다보는 작품 《세월(2008년)》로 전 세계적인 주목을 받은 바 있답니다.

노벨 평화상
권위주의 정권에 맞선 인권 운동

알레스 비알리아츠키, 러시아 메모리알과 우크라이나 시민자유센터

2022년 노벨 평화상은 권위주의 정권에 맞서 싸운 인권 운동가와 인권 단체 두 곳이 공동 수상했습니다. 벨라루스 시민운동 지도자 알레

노르웨이 오슬로시청에서 열린 노벨 평화상 시상식. 수감 중인 벨라루스 활동가 알레스 비알리아츠키의 아내 나탈리아 핀추크(왼쪽)가 러시아 인권단체 메모리알의 얀 라친스키 이사회 의장(가운데), 우크라이나 시민단체 시민자유센터(CCL)의 올렉산드라 마트비추크 대표(오른쪽)와 함께 수상했다.
© Nobel Prize Outreach/Jo Straube

스 비알리아츠키, 러시아 시민단체 메모리알, 우크라이나 시민단체 시민자유센터(CCL)가 바로 그 주인공입니다. 직접 관련된 인물은 배제하되, 관련 국가에서 인권활동을 적극적으로 해 온 이들에게 상을 수여해 전쟁에 대한 비판 의지를 보여 줬다는 평가가 나옵니다.

노르웨이 노벨위원회는 수상자들이 자국에서 시민사회를 대표한다며 이들은 수년간 권력을 비판하고 시민의 기본권을 보호할 권리를 증진해 왔다고 밝혔습니다. 이들은 전쟁 범죄, 인권 침해, 권력 남용을 기록하기 위해 노력해 왔으며 평화와 민주주의를 위한 시민 사회의 중요성을 드러냈다는 평가를 받았습니다.

비알리아츠키는 알렉산드르 루카셴코 벨라루스 대통령의 장기 철권 통치에 맞서 온 인권 운동가입니다. 그는 1996년 바스나 인권 단체를 설립해 부정선거 의혹, 가혹한 민주화 시위 진압, 정치범 고문, 야당 탄압 등을 고발해 왔습니다. 2021년 '유럽의 마지막 독재자' 루카셴코 대통령의 하야를 요구한 대규모 민주화 운동을 벌인 뒤 체포돼 감옥에 갇히고 말았습니다.

1989년에 설립된 메모리알은 러시아에서 가장 오래된 인권 단체입니다. 옛소련과 러시아 정권의 수많은 인권 탄압 행위를 발굴해 기록해 왔지요. 블라디미르 푸틴 러시아 대통령 치하에서도 감시와 박해에 시달리다 2021년 12월 끝내 해산 판결을 받았답니다.

우크라이나 시민자유센터는 2007년 옛소련 지역의 인권 단체 지도자들이 우크라이나 수도 키이우에 모여 설립한 국제 인권 단체입니다. 2014년 러시아에 강제로 합병된 크림반도 내 우크라이나 주민에 대한 박해, 동부 돈바스 내전에서 친러 분리주의자들이 저지른 전쟁 범죄 등을 고발해 왔습니다.

노벨 경제학상
은행과 금융위기 연구에 기여하다
벤 버냉키, 더글러스 다이아몬드, 필립 디비그

경제학상은 1968년 스웨덴 중앙은행이 노벨을 기념하는 뜻에서 만든 상입니다. 시상은 1969년부터 시작했고 상금은 스웨덴 중앙은행이

2022년 노벨 경제학상을 받은 벤 버냉키 전 연준 의장(왼쪽), 더글러스 다이아몬드 교수(가운데), 필립 디비그 교수(오른쪽). ⓒ Nobel Prize Outreach/ Anna Svanberg

별도로 마련한 기금에서 지급합니다.

2022년 노벨 경제학상은 은행과 금융위기 연구에 기여한 미국의 경제학자 3명에게 수여됐습니다. 벤 버냉키 전 미국 연방준비제도(연준, Fed) 의장, 더글러스 다이아몬드 시카고대 교수, 필립 디비그 세인트루이스 워싱턴대 교수가 그 주인공입니다. 수상자들은 특히 금융위기 시기에 은행의 역할에 대한 이해도를 높이는 데 공헌했다는 평가를 받았습니다. 스웨덴 왕립과학원 노벨위원회는 수상자들의 통찰력 덕분에 심각한 위기와 값비싼 구제금융을 피할 능력을 끌어올렸고, 이들의 발견 덕분에 사회가 금융위기를 다루는 방식이 향상됐다고 선정 이유를 설명했습니다. 세 사람은 금융위기가 닥쳤을 때 은행의 붕괴를 막는 것이 왜 필수적인지를 보여 주는 연구결과를 발표했다고 합니다.

먼저 미국 연준 의장으로 유명했던 벤 버냉키는 1983년 발표한 논문에서 1930년대 뱅크런(bank-run, 현금 대량 인출 사태)이 은행 파산을 초래해 대공황으로 이어졌으며, 위기를 더 키우고 장기화하는 결정적 요인이었음을 증명했습니다. 이전까지는 은행 줄도산이 위기의 원인이 아니라 위기로 촉발된 현상이라는 인식이 일반적이었어요.

다이아몬드 교수와 디비그 교수는 1980년대 초 은행의 자산과 부채 사이에 금융 불안정이 발생하는 동학(연속적인 변동 현상을 분석함)을 분석한 모델을 고안한 공로를 인정받았습니다. 이 모델은 '다이아몬드-디비그' 모델이라고 하지요. 두 사람은 시장의 공포 심리와 루머가 뱅크런을 촉발하고 이것이 은행 줄도산으로 이어지는 과정을 분석했답니다. 이들의 연구로 정부가 예금 보험이나 은행에 대한 최종대출자 역할을 하면 이런 위험을 막을 수 있다는 사실이 입증됐어요.

2022 노벨 과학상

　노벨 과학상은 물리학, 화학, 생리의학이라는 세 분야로 나눠집니다. 2022년 노벨 과학상은 모두 7명이 받았습니다. 1901년 제1회 노벨상 이후 지금까지 전쟁 등으로 인해 시상하지 못했던 몇몇 해를 거쳐, 2022년에 노벨 물리학상은 116번째, 화학상은 114번째, 생리의학상은 113번째 시상이었답니다.

　자, 이제 2022년 노벨 과학상 수상자들의 연구 내용을 간단히 알아볼까요?

노벨 물리학상
양자컴퓨터 · 양자통신 시대를 열다
알랭 아스페, 존 클라우저, 안톤 차일링거

　물리학상은 양자 얽힘 현상을 검증하고 양자기술 시대를 여는 데 공헌한 물리학자 3명에게 돌아갔습니다. 프랑스 파리 사클레대의 알랭 아스페 교수, 미국 존 클라우저 협회의 존 클라우저 창립자, 오스트리아 빈대 안톤 차일링거 교수가 그 주인공이랍니다.

　노벨위원회는 수상자들이 얽힌 쌍 가운데 한 입자에서 일어나는 일이 아무리 멀리 떨어져 있더라도 다른 입자에서 일어나는 일을 결

2022년 노벨 물리학상을 수상한 프랑스 파리 사클레대 알랭 아스페 교수. ⓒ Nobel Prize Outreach/Clément Morin

정한다는 사실, 즉 양자 얽힘 현상이 실재한다는 사실을 밝혔다면서 양자기술의 새로운 시대를 위한 토대를 마련했다고 선정 이유를 설명했습니다. 구체적으로 이들은 얽힌 광자들을 이용한 실험으로 '벨 부등식'의 위배를 확증하고 양자정보과학을 개척한 업적을 인정받았다고 해요.

2022년 노벨 물리학상을 수상한 미국 존 클라우저 협회의 존 클라우저 창립자. ⓒ Nobel Prize Outreach/ Clément Morin

2022년 노벨 물리학상을 수상한 오스트리아 빈대 안톤 차일링거 교수. ⓒ Nobel Prize Outreach/Nanaka Adachi

최근 양자컴퓨터, 양자통신 같은 양자역학 관련 기술이 주목받고 있는데, 양자기술을 구현하는 핵심 원리는 '양자 얽힘' 현상입니다. 하지만 양자 얽힘을 둘러싼 뜨거운 논쟁이 있었답니다. 양자 얽힘 현상은 아인슈타인과 슈뢰딩거를 통해 이론으로 증명됐지요. 1964년 존 벨은 '벨 부등식'을 통해 기존에 제안한 양자역학 이론이 성립하지 않는다는 점을 제시했습니다. 벨 부등식이 등장한 뒤 이를 실험적으로 검증하려는 노력이 이어졌습니다.

먼저 클라우저 창립자가 실험을 통해 벨 부등식이 깨진다는 점을 증명하며 기존 양자역학 이론이 성립한다는 사실을 입증했어요. 하지만 클라우저의 연구에는 허점이 있었습니다. 1982년 아스페 교수가 이 허점을 보완하는 연구를 진행했답니다. 차일링거 교수는 이론과 실험으로 증명된 양자 얽힘 현상을 실제로 활용한 연구를 제시했어요. 양자 상태를 한 입자에서 멀리 있는 입자로 이동시키는 '양자 순간 이동'을 시연했던 것이지요. 세계 최초로 양자통신 실험에 성공한 셈이랍니다.

노벨 화학상
화학물질을 쉽게 생성하는 '클릭 화학'을 개척하다
캐럴린 버토지, 모르텐 멜달, 배리 샤플리스

화학상은 분자가 더 빠르고 효율적으로 결합하도록 만드는 클릭 화학과 생물직교 반응 분야의 기반을 마련한 화학자 3명에게 주어졌어요. 미국 스탠퍼드대의 캐럴린 버토지 교수, 덴마크 코펜하겐대의 모르텐 멜달 교수, 미국 스크립스연구소 배리 샤플리스 연구교수가 그 주인공이랍니다.

수상자들은 그동안 어려웠던 분자 간 결합을 손쉽게 만드는 방법을 제시했다는 평가를 받았습니다. 노벨위원회는 이들의 연구성과 덕분에 분자가 매우 간단한 경로를 통해 결합해 기능할 수 있다고 선정 이유를 밝혔어요.

2022년 노벨 화학상을 수상한 미국 스탠퍼드대 캐럴린 버토지 교수. © Nobel Prize Outreach/Nanaka Adachi

2022년 노벨 화학상을 수상한 덴마크 코펜하겐대 모르텐
멜달 교수. © Nobel Prize Outreach/Nanaka Adachi

2022년 노벨 화학상을 수상한 미국 스크립스연구소 배리
샤플리스 교수. © Nobel Prize Outreach/Clément Morin

특히 신약의 독성을 평가하고 임상시험에 활용하는 것은 물론이고 항암제가 체내에서 표적을 찾아가 효능을 높이는 방법을 찾아 인류에 공헌했답니다.

화학자들은 점점 더 복잡한 분자를 만들려고 노력해 왔습니다. 대부분 시간이 많이 소요되거나 생산하는 데 비용이 많이 들었지요. 샤플리스 교수와 멜달 교수는 분자가 효율적으로 결합하도록 만드는 기능적 형태의 화학, 일명 '클릭 화학'의 기반을 마련했습니다. 버토지 교수는 클릭 화학을 유기체에 활용하는 생물직교 반응으로 합성화학을 새로운 차원으로 끌어올렸다는 평가를 받는답니다.

2000년경 버토지 교수는 원치 않는 부산물의 영향을 받지 않으면서도 빠르고 단순하게 화학결합을 만들 수 있는 클릭 화학의 개념을 고안했어요. 멜달 교수와 샤플리스 교수는 구리를 촉매로 삼아 아지드 분자와 알카인 분자를 반응시켜 트리아졸을 만드는 방법을 제시하기도 했답니다. 클릭 화학은 세포를 탐색하고 생물학적 메커니즘을 찾아내는 데도 쓰입니다. 생물직교 반응도 임상시험 중인 암 신약 등에 활용할 수 있습니다. 신약 개발에 클릭 화학을 직접 활용하는 사례가 점차 늘고 있다고 해요.

노벨 생리의학상
고유전학으로 인류의 진화를 밝히다
스반테 페보

생리의학상은 오래전에 멸종한 호미닌(인간의 조상 종족)의 게놈(유전체)을 분석해 인류의 진화과정을 밝혀낸 인류학자에게 돌아갔습니다. 독일 막스플랑크 진화인류학연구소 스반테 페보 소장이 그 주인공이지요. 그는 고유전학이라는 전혀 새로운 과학 분야를 탄생시킨 덕분에 노벨상을 단독 수상했답니다.

노벨위원회는 페보 소장이 멸종한 호미닌과 인간의 진화에 대한 비밀이 담긴 게놈에 관련된 중요한 발견을 했다고 선정 이유를 밝혔어요. 또 페보 소장은 불가능한 것처럼 보이던 네안데르탈인의 게놈 염기서열을 최초로 분석했으며, 이전까지 알려지지 않았던 호미닌인 데니소바인을 발견했답니다.

2022년 노벨 생리의학상 수상자 독일 막스플랑크 진화인류학연구소 스반테 페보 소장.
© Nobel Prize Outreach/Nanaka Adachi

DNA는 시간이 흐르면 화학적으로 변형되고 조각조각 부서져 수천 년 뒤엔 극히 일부만 남지요. 더구나 땅속에 묻혀 있는 동안 박테리아 같은 생물체의 DNA에 오염되기까지 합니다. 오래전에 멸종한 네안데르탈인의 DNA 분석은 불가능하다고 간주돼 왔습니다. 하지만 페보 소장은 일반 DNA보다 크기가 작은 미토콘드리아 DNA로 이런 문제를 극복했어요. 미토콘드리아 DNA는 크기가 작고 세포 일부의 유전정보만 담고 있지만 수천 개가 함께 존재하므로 염기서열 분석에 성공할 가능성이 컸기 때문이지요. 페보 소장은 미토콘드리아 DNA를 분석해 4만 년이나 된 뼛조각에서 네안데르탈인의 염기서열을 분석하는 데 성공했고, 이를 통해 네안데르탈인이 현생 인류와 완전히 다른 인류 조상 종족(호미닌)이라는 사실을 밝혀냈답니다.

2008년 페보 소장은 러시아 데니소바 동굴에서 4만 년 된 고대인의 손가락뼈에서 DNA를 분석하는 데도 성공했어요. 데니소바인으로 명명된 이 인류 조상은 과거 유라시아 동부에 거주하던 데니소바인이 네안데르탈인과 이종교배했다는 고인류학 역사의 단서가 됐답니다. 페보 소장은 또 네안데르탈인과 호모 사피엔스의 가장 가까운 공통 조상이 약 80만 년 전에 살았다는 것도 입증했습니다. 네안데르탈인의 DNA 염기서열이 아프리카에서 기원한 현대인보다 유럽이나 아시아에서 기원한 현대인의 염기서열과 더 유사했다는 연구성과도 거두었지요. 2014년엔 알타이 산맥에서 발견한 네안데르탈인의 유전자에서 현생 인류와 이종교배가 있었다는 연구결과를 「네이처」에 발표하기도 했습니다.

2022년 노벨상 수상자 한눈에 보기

구분	수상자			업적
물리학상	알랭 아스페	존 클라우저	안톤 차일링거	양자 얽힘 현상을 실험적으로 규명해 양자기술의 활용 기반 마련.
화학상	캐럴린 버토지	모르텐 멜달	배리 샤플리스	화학물질을 쉽게 생성하는 클릭 화학 개발.
생리의학상		스반테 페보		고유전학으로 인류의 진화 규명.
문학상		아니 에르노		개인적인 기억의 뿌리와 소외, 집단적 구속을 드러낸 용기와 꾸밈없는 날카로움을 보여 줌.
평화상	알레스 비알리아츠키	러시아 메모리알	우크라니아 시민자유센터	권위주의 정권에 맞서 인권 운동 전개.
경제학상	벤 버냉키	더글러스 다이아몬드	필립 디비그	은행과 금융위기 연구에 기여함.

2022 이그노벨상

오리 떼는 왜 줄지어 헤엄칠까요? 항문 없는 전갈은 짝짓기를 할 수 있을까요? 항암 부작용에 아이스크림이 도움이 될까요? 이처럼 다소 엉뚱해 보이는 궁금증의 답을 찾기 위해 연구한 과학자들이 2022년 32회 '이그노벨상'을 받았답니다.

'괴짜 노벨상'이라 불리는 이그노벨상은 1991년부터 미국 하버드대의 유머과학잡지 「황당무계 연구연보(Annals of Improbable Research)」가 매년 전 세계에서 추천받은 연구 가운데 가장 기발한 연구를 선별해 수여합니다. 재미있고 황당할 수도 있는 연구를 소개해, 어렵게만 느껴지는 과학에 흥미를 갖기 바라는 마음도 있다고 합니다.

2022년에도 10개 부문에 걸쳐 수상자를 발표했습니다. 이그노벨상은 해마다 수상 분야가 조금씩 바뀌는데, 2022년에는 물리학, 의학, 생물학, 응용심장학, 문학, 공학, 예술사, 경제학, 평화, 안전공학 분야에서 수상자를 발표했어요.

자, 그럼 2022년 이그노벨상 수상자들의 기발한 연구 내용을 한번 살펴볼까요? 참, 잊지 마세요. 이그노벨상의 캐치프레이즈가 '웃어라, 그리고 생각하라'라는 점을요.

물리학상
오리 떼가 줄지어 헤엄치는 이유

미국 웨스트체스터대 유체역학자인 프랭크 피시 교수는 박사 학위과정에 다니던 1990년대에 새끼 오리들이 어미 뒤에서 줄지어 헤엄치는 모습을 보고 의문이 생겼습니다. 호수나 강에서 오리 떼는 왜 일렬종대로 헤엄칠까 하는 궁금증이 들었던 것이지요.

어미의 뒤를 일렬로 줄지어 헤엄치는 거위 떼들의 사진과 스케치. ⓒ Zhi-Ming Yuan

피시 교수는 이 궁금증을 풀기 위해 모형으로 실험에 돌입했어요. 실험 결과 오리 떼가 일렬로 헤엄칠 때 만들어지는 소용돌이 덕분에 어미 뒤를 쫓는 새끼들이 에너지를 덜 쓸 수 있다는 사실을 밝혀냈답니다. 그리고 2021년 스코틀랜드 스트래스클라이드대 유체역학자 지밍 위안 교수 연구팀은 거위 떼를 대상으로 삼아 같은 문제를 컴퓨터 모델로 분석했습니다. 분석 결과, 피시 교수의 연구와 비슷한 결과를 얻었답니다. 두 연구에 관여한 연구자들 모두에게 물리학상이 주어졌어요.

의학상
항암 부작용에 아이스크림이 도움?

항암치료 과정에서 발생하는 부작용 중의 하나가 구내염(구강점막염)입니다. 항암제를 투여하거나 방사선 치료를 받으면 입속의 상피세포가 파괴되므로, 입이 쉽게 마르고 입안이 자주 헐거나 상처가 나면서 통증이 발생하는 것은 물론이고 음식물을 먹기도 힘들거든요. 폴란드 바르샤바의대 마르신 야신스키 연구팀은 아이스크림이 항암치료 중인 환자에게 나타나는 구강점막염에 대한 예방 효과가 있다는 사실을 증명해 의학상을 받았습니다.

구강점막염을 예방하기 위해 흔히 활용되는 치료법은 냉동요법입니다. 항암제를 먹는 동안 얼음 조각을 입에 물고 있으면, 찬 얼음이 혈관을 수축시켜 혈류량을 줄임으로써 자연히 항암제에 덜 노출되도록 하는 원리랍니다. 실제 환자는 얼음보다 구하기 쉬운 아이스크림으로 대체하기도 하지요. 얼음은 차갑고 딱딱하지만, 아이스크림은 식감이 부드러워 환자가 더 선호하는 경우가 많기 때문입니다.

연구팀은 멜팔란이란 항암제를 투약하는 입원환자 74명 가운데 52명에게 아이스크림을 제공했습니다. 그 결과 이 중 15명에게 구강점막염이 생겼다고 합니다. 유병률이 28.8%였던 것이지요. 반면 아이스크림을 먹지 않은 환자 22명 가운데서는 13명(59.1%)에게 구강점막염이 발생했습니다. 연구팀은 아이스크림을 활용한 냉동요법이 효과를 보인다고 결론을 내렸습니다.

생물학상
항문 없는 전갈은 짝짓기를 할 수 있을까?

도마뱀이 위험한 상황에 처하면 꼬리를 자르고 도망치는 것처럼 전갈도 포식자에게 꼬리 같은 신체 일부를 잘라서 넘겨주고 도망친답니

꼬리를 잘린 전갈.
© Camilo I Mattoni

다. 이런 행위를 자절(自切)이라고 하지요. 문제는 전갈의 항문이 절단되는 꼬리에 달려 있다는 점입니다. 이렇게 꼬리를 자른 전갈은 항문을 잃고 남은 일생 동안 변비에 시달리지요. 브라질 상파울루대 카밀로 마토니 연구진이 수컷 전갈의 자절과 생식 능력의 상관관계를 연구해 생물학상을 받았습니다. 항문을 잘라낸 전갈은 변을 배출하지 못해 이동이 둔해지고 결국 사망에 이릅니다. 사망하기까지 수개월 동안 느릿느릿 짝을 찾아다니며 짝짓기는 할 수 있었다고 합니다.

응용심장학상
소개팅에서 만난 상대에게 얼마만큼 매력을 느낄까

사랑과 성에 대한 연구는 그동안 이그노벨상 수상의 단골 주제였습니다. 2022년 응용심장학상이 소개팅에서 만난 상대에게 얼마만큼의 매력을 느끼는지를 밝혀낸 네덜란드 라이덴대 엘리스카 프로차즈코바 연구팀에게 돌아갔답니다.

연구팀은 한 번도 만난 적이 없는 남녀 140명에게 일대일 만남을 주선한 뒤 표정, 시선, 몸짓을 촬영하고 심장 박동수와 피부 전도도 등을 측정했습니다. 상대방에 대한 매력도 설문도 함께 진행했고요. 실험 결과가 흥미로웠습니다. 표정, 시선은 상대방에게 느끼는 매력도와 별 관계가 없었지만, 심장 박동수와 피부 전도도는 상대방에게 매력을 느낄수록 높아졌답니다. 많은 문화권에서 사랑을 느끼는 남녀에게 심장이 쿵쾅거리고 전기가 흐르는 상황이 실제 감정과 관련 있을 가능성이 밝혀진 셈입니다. 이 연구 결과는 2021년 국제학술지 「네이처 인간행동학」에 발표됐어요.

손잡이를 돌리는 최적의 방법(공학상)부터 성공한 사람의 수학적 이유(경제학상)까지 수상

나머지 이그노벨상은 어떤 연구결과로 상을 받았을까요? 공학상은 손잡이를 돌리는 최적의 방법을 찾은 일본 지바공대 연구팀에, 안전공학상은 북유럽에서 교통사고를 자주 유발하는 큰 사슴을 본뜬 더미(충돌시험 인형)를 제안한 스웨덴 연구팀에 각각 주어졌답니다. 문학상은 법률 문서가 어려운 이유를 분석한 미국 매사추세츠공대 연구팀에 돌아갔습니다. 또한 경제학상은 성공한 사람들은 재능보다 운이 좋은 경우가 많다는 사실을 수학적으로 입증한 이탈리아 카타니아대 연구팀이, 평화상은 소문내기 좋아하는 사람이 언제 진실이나 거짓을 말할지 결정하도록 돕는 알고리즘을 밝힌 중국과학원 연구팀이 각각 받았습니다. 아울러 미술사상은 고대 마야인의 토기에서 제식에 술과 환각제를 사용했다는 증거를 찾아낸 네덜란드 왕립진흥협회 연구팀이 차지했어요.

확인하기

지금까지 2022년 각 분야 노벨상 수상자들의 업적과 이그노벨상 수상자들의 연구 내용을 간단히 살펴봤어요. 특별히 어떤 내용, 어떤 수상자가 기억에 남나요? 다음의 퀴즈를 풀면서 2022년 노벨상을 다시 정리해 봐요.

01 다음 중에서 수상자를 심사하고 선정하는 곳이 다른 노벨상은 무엇일까요?
　　① 물리학상
　　② 경제학상
　　③ 화학상
　　④ 생리의학상

02 2022년 노벨 평화상은 권위주의 정권에 맞선 인권 운동가와 인권 단체에 돌아갔어요. 다음 중 수상자(또는 수상 단체)가 속한 국가가 아닌 것은 어디일까요?
　　① 러시아
　　② 우크라이나
　　③ 폴란드
　　④ 벨라루스

03 2022년 노벨상 수상자 중에는 2번째 노벨상을 받은 사람이 나왔습니다. 다음 중 이 사람이 받은 노벨상은 어떤 분야의 상일까요?
　　① 물리학상
　　② 화학상
　　③ 평화상
　　④ 문학상

04 2022년 노벨 문학상은 이 나라의 여류 소설가에게 수여됐어요. 지금까지
　　노벨 문학상 수상자를 가장 많이 배출한 이 나라는 어디일까요?
　　① 프랑스
　　② 영국
　　③ 미국
　　④ 스웨덴

05 2022년 경제학상 수상자들은 금융위기가 닥쳤을 때 ○○의 붕괴를 막는
　　것이 왜 필수적인지 보여 주는 연구결과를 발표했습니다. ○○데 들어갈
　　단어는 무엇일까요?
　　（　　　　　　　　）

06 2022년 노벨 물리학상을 받은 3명의 물리학자는 이 현상을 검증하고 양
　　자기술 시대를 여는 데 공헌했어요. 이 현상은 무엇일까요?
　　① 불확정성
　　② 양자 얽힘
　　③ 양자 이동
　　④ 진자 운동

07 다음 중에서 2022년 노벨 화학상과 관련이 없는 것은 무엇일까요?
　　① 클릭 화학
　　② 여성 수상자
　　③ 벨 부등식
　　④ 생물직교 반응

08 2022년 노벨 생리의학상을 수상한 스반테 페보의 아버지인 수네 베리스트룀도 1982년 노벨상을 받았습니다. 베리스트룀은 어떤 분야에서 노벨상을 받았을까요?
① 생리의학
② 물리학
③ 화학
④ 경제학

09 고유전학으로 인류의 진화를 규명한 스반테 페보가 연구한 고인류는 누구일까요?
① 오스트랄로피테쿠스
② 크로마뇽인
③ 베이징원인
④ 네안데르탈인

10 브라질 상파울루대 연구진이 항문이 없는 전갈의 짝짓기를 연구해 2022년 생물학 분야 이그노벨상을 받았습니다. 전갈이 포식자에게 위협을 느낄 때 항문을 포함한 꼬리를 자르고 도망치는 행위를 무엇이라고 할까요?
① 자절
② 기절
③ 단절
④ 중절

2022 노벨 물리학상

2022 노벨 물리학상, 수상자 세 명을 소개합니다!
몸풀기! 사전 지식 깨치기
본격! 수상자들의 업적
확인하기

알랭 아스페 교수(왼쪽) © Nobel Prize Outreach/Clément Morin), 존 클라우저 창립자(가운데) © Nobel Prize Outreach/Clément Morin),
안톤 차일링거 교수(오른쪽) © Nobel Prize Outreach/Nanaka Adachi).

노벨상을 꿈꿔라 8

2022 노벨 물리학상, 수상자 세 명을 소개합니다!
−알랭 아스페, 존 클라우저, 안톤 차일링거

2022년 노벨 물리학상은 양자 얽힘 현상을 실험적으로 규명해 양자기술의 기반을 마련한 물리학자 3명에게 돌아갔어요. 양자 얽힘은 양자기술을 구현하는 핵심 현상 중 하나인데, 미국 존 클라우저 협회의 존 클라우저(John F. Clauser) 창립자, 프랑스 파리 사클레대의 알랭 아스페(Alain Aspect) 교수, 오스트리아 빈대의 안톤 차일링거(Anton Zeilinger) 교수가 이를 실험적으로 규명함으로써 양자컴퓨터, 양자통신 같은 양자기술을 활용할 수 있는 토대를 마련했습니다.

사실 양자 얽힘은 아인슈타인(Albert Einstein)조차 받아들이기 힘든 현상이었습니다. 아인슈타인은 양자역학이 완전한 물리 이론이 아니라고 주장하며 'EPR 역설'을 발표했어요. 이어 영국의 물리학자 존 스튜어트 벨(John Stewart Bell)이 양자 얽힘에 숨은 변수가 있는지 증명할 수 있는 EPR 사고 실험을 고안했고, 이와 관련된 '벨 부등식'을 제안했습니다.

먼저 클라우저 창립자가 벨 부등식의 타당성을 검증하기 위한 실험에 나섰지요. 이 실험을 통해 벨 부등식이 깨지는, 즉 양자 얽힘이 타당하다는 결과를 학계에 처음으로 보고했습니다. 그 뒤 아스페 교수가 이 실험의 허점을 보완하는 새로운 실험을 고안해 진행했고, 차일링거 교수도 아스페 교수의 실험을 보완하는 실험을 설계해 양자 얽힘을 증명했습니다. 결국 2022년 노벨 물리학상 수상자들 덕분에 다양한 양자기술의 기반이 마련됐답니다.

" 양자 얽힘 현상을 실험적으로 규명해 양자기술의 기반을 마련하다 "

알랭 아스페

· 1947년 프랑스 아쟁 출생.
· 1971년 프랑스 오르세이대에서 박사 학위.
· 2022년 현재 프랑스국립과학연구원(CNRS) 명예수석연구원. 에콜 폴리테크니크 겸임교수. 프랑스 파리 사클레대 교수.

존 클라우저

· 1942년 미국 캘리포니아주 패서디나 출생.
· 1969년 미국 컬럼비아대에서 박사 학위.
· 1986~1987년 미국 과학응용국제협회(SAIC) 선임과학자.
· 1990~1997년 미국 버클리 캘리포니아대 물리학부 연구원.
· 미국 존 클라우저 협회 창립자.

안톤 차일링거

· 1945년 오스트리아 리트 임 인크라이스 출생.
· 1971년 오스트리아 빈대에서 박사 학위.
· 1979년~ 오스트리아 빈대 교수.

몸풀기! 사전지식 깨치기

2022년 노벨 물리학상은 양자역학의 핵심 원리 중 하나인 양자 얽힘 현상을 실험적으로 증명한 3명의 물리학자에게 돌아갔다고 했지요. 사실 양자역학은 현대물리학의 또 다른 축인 상대성이론을 확립한 아인슈타인도 받아들이기 힘든 분야였습니다. 이번에 노벨 물리학상을 받은 3명의 물리학자 중 한 명인 존 클라우저 창립자조차 처음엔 양자역학이 벅차다는 것을 알았습니다. '고등 양자역학'이란 과목을 세 번이나 반복해 배우고 나서야 통과했다고 하지요.

최근 양자역학이 적용된 양자기술이 많이 주목받고 있습니다. 양자컴퓨터, 양자통신, 양자암호 등 다양한 분야에서 양자기술을 만날 수 있답니다. 이제 양자역학은 어렵지만 알아야 하는 분야가 된 셈입니다. 도대체 양자역학이란 무엇일까요? 자, 이제 2022년 노벨 물리학상의 업적을 이해하기에 앞서 필요한 지식을 살펴볼까요?

양자역학이란?

사실 양자역학은 이해하기 어려워요. 1964년 미국의 물리학자 리처드 파인만이 양자역학을 제대로 이해하는 사람은 없다고 말했을 정

왼쪽부터 알랭 아스페, 존 클라우저, 안톤 차일링거 일러스트. © Niklas Elmehed/Nobel Prize Outreach

도입니다. 당시 양자역학의 해석은 악명 높은 문제였지요. 아인슈타인 역시 신은 주사위 놀이를 하지 않는다며 양자역학의 확률론적인 해석을 비판하기도 했습니다.

양자역학이란 양자와 역학으로 나뉘어 있는 용어입니다. '양자(量子)'는 '퀀텀(quantum)'이란 영어를 번역한 단어로, 띄엄띄엄 떨어진 양으로 존재하는 것을 말하지요. 역학(力學)은 '힘에 관한 학문'이란 말에서 알 수 있듯 힘을 받는 물체가 어떻게 운동하는지 밝히는 학문입니다. 결국 양자역학이란 띄엄띄엄 떨어진 양으로 존재하는 것이 힘을 받으면 어떻게 운동하는지를 설명하는 분야입니다.

미시세계에서 일어나는 양자 중첩 상상도.

또 양자역학은 미시세계에서 작동하는 도구입니다. 공 하나가 하나의 구멍을 지나는 거시세계는 우리에게 친숙하지만, 원자 규모에서 벌어지는 현상은 낯설답니다. 원자핵 주변을 돌아다니는 전자가 동시에 2개의 구멍을 지날 수도 있으니까요. 전자는 입자이기도 하지만 물결처럼 파동의 성질을 갖고 있기 때문입니다.

빛과 양자, 그리고 양자역학의 아버지

양자역학에서 중요한 양자란 개념은 빛의 정체를 이해하는 과정에서 나옵니다. 빛은 탁구공 같은 입자일까요, 물결 같은 파동일까요? 오래전부터 과학자들은 빛이 무엇인지에 관해 치열한 논쟁을 벌여 왔습니다.

먼저 빛이 무엇인지 이해하려면 전기와 자기에 대해 알아야 합니다. 1820년 덴마크 물리학자 외르스테드(Hans Christian Oersted)는 전류가 흐르는 전선 주위에 나침반을 두었다가 바늘이 흔들린다는 사실, 즉 자기장을 일으킨다는 사실을 발견했습니다. 이 소식을 들은 영국의 물리학자 패러데이(Michael Faraday)는 자석으로 전기를 만들 수 있다고 생각하고, 금속관 둘레에 전선(코일)을 감고 자석을 이 속으로 넣었다 빼는 실험을 했더니, 전선에 전류가 흘렀습니다. 코일을 더 많이 감거나 자석을 빨리 움직이면 더 큰 전류가 발생했지요. 이것을 패러데이의 법칙, 즉 전자기 유도 법칙이라고 합니다. 발전기의 원리지요. 결국 전기와 자기가 본질적으로 연결돼 있다는 사실을 보여 준 것이랍니다.

영국의 물리학자 제임스 맥스웰(James Clerk Maxwell)은 전기와 자기의 법칙을 수학적으로 정리하는 과정에서 자기장의 변화가 전기장을 일으키듯(패러데이의 법칙) 전기장의 변화도 자기장을 일으킨다는 사실(맥스웰의 법칙)을 알아냈습니다. 마침내 맥스웰은 자기장이 전기장을 만들고, 전기장이 자기장을 만든다면 이것이 반복적으로 일어날 수 있지 않을까 하고 생각했지요, 그 결과 전자기파의 존재를 예언했답니다. 전자기파의 속도는 초속 30만km이며, 이 속도는 바로 빛의 속도란 사실을 발견했어요. 즉 빛이 전자기파의 일종임을 알게 된 것이지요.

19세기 말 맥스웰에 의해 빛은 전기장과 자기장이 공간 속에서 퍼져 나가는 전자기파임이 밝혀졌지만, 빛을 단순히 전자기파로 보면 설명할 수 없는 현상이 있어요. 그 대표적인 예가 흑체복사와 광전효과랍니다.

먼저 흑체는 주변의 빛을 반사하지 않고 흡수하기만 하는 물체를 말하는데, 일정한 온도에서 복사만으로 열을 내보냅니다. 복사는 직접 닿는 물체나 매질이 없이 전자기파를 방출해 열이 이동하는 것을 말하지요. 흑체가 내놓는 복사(빛)는 온도만으로 그 성질이 결정됩니다. 태양과 같은 별이 흑체와 비슷해요. 흑체에서 나오는 빛의 파장과 에너지 분포를 그릴 수 있는데, 평형 온도에 따라 다른 곡선이 나타나지요. 흑체 실험에서는 보통 산화철과 같은 금속 산화물을 흑체로 사용해요. 문제는 흑체의 에너지 분포(흑체 복사 스펙트럼)가 고전물리학으로는 설명되지 않는다는 점입니다. 특히 흑체 실험 결과와 이론적 계산 결과를 살펴보자 자외선 부분에서 차이가 매우 컸지요. 이에 1900년 독일의 물리학자 막스 플랑크가 고전물리학에는 없는 양자(Quantum) 개념을 도입해 흑체의 에너지 분포를 설명하는 데 성공했습니다. 이는 양자역학을 여는 계기가 됐어요. 그 덕분에 플랑크를 '양자역학의 아버지'라고 하지요.

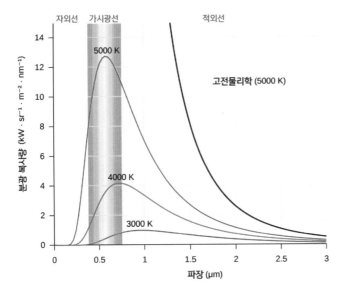

다양한 온도를 가진 흑체의 복사 스펙트럼(플랑크 곡선). 자외선 영역에서 발산하는 고전물리학의 문제를 해결했다.

플랑크는 전자기파(빛)의 에너지가 양자화되어 있다는 가설을 제시했어요. 이를 '광양자 가설'이라고 하지요. 즉 전자기파의 에너지는 연속적이지 않고 띄엄띄엄 덩어리져 있어서 하나둘 셀 수 있는 양으로 존재한다는 뜻입니다. 특히 빛의 알갱이를 '광자'라고 해요. 플랑크는 흑체가 광자들로 가득 차 있다고 가정하고 흑체복사 스펙트럼(에너지 분포)에 관한 식을 유도했더니, 그 결과 짧은 파장의 자외선 영역까지 실험 결과와 일치했던 것이지요.

아인슈타인이 밝힌 광전효과

빛을 파동이 아니라 입자로 봐야 해결되는 또 다른 문제가 광전효과입니다. 상대성이론의 창시자로 유명한 아인슈타인은 광전효과를 설명하는 데 성공한 업적으로 1921년 노벨 물리학상을 받았습니다. 노벨위원회에서는 당시에 논란이 많았던 상대성이론을 창안한 연구 성과 대신 광전효과를 밝혀낸 공로를 인정해 아인슈타인에게 노벨상을 수여했지만, 아인슈타인이 단독 수상자로 선정될 만큼 광전효과의 규명도 상대성이론만큼이나 중요한 업적이었습니다.

　광전효과는 간단히 말하면 금속에 빛을 쪼였더니 전자가 튀어나오는 현상이에요. 19세기 과학자들이 알아낸 이 현상은 이해하기 힘든 점이 있었지요. 전자가 튀어나올 때 갖고 나오는 최대 에너지는 금속에 쪼여 준 빛의 세기와 관련이 없었다는 사실입니다. 아무리 센 빛을 금속에 쪼이더라도 전자의 최대 에너지는 달라지지 않았다는 뜻이에요. 고전물리학의 관점에서 보면 전자의 에너지가 금속에 쪼여 주는 빛의 세기에 비례할 것이라 예상할 수 있지만, 그렇지 않았던 것이지요. 흥미롭게도 전자의 최대 에너지는 빛의 파장과 관련이 있었어요. 즉 아무리 강한 빛을 쪼이더라도 파장이 길면 전자는 하나도 튀어나오지 않았고, 아무리 빛의 세기가 약하더라도 파장이 짧으면 전자가 튀어나왔던 것이지요.

　이 문제를 해결한 것이 바로 아인슈타인이었습니다. 1905년 아인슈타인은 플랑크의 광양자 가설을 이용해 광전효과를 설명하는 논문을 발표했습니다. 빛

젊은 시절의 아인슈타인. 광전효과를 설명하는 논문을 발표하던 무렵의 모습.

이 금속 안의 전자에 에너지를 전달할 때 광자라는 입자처럼 행동한다고 생각한 것이지요. 이런 관점에서는 빛의 세기가 광자의 많고 적음으로 설명되고, 금속에 빛을 비춘다는 것은 수많은 광자를 금속의 전자를 향해 쏜다는 것과 같습니다. 결국 금속에 있는 전자를 튀어나오게 하려면 전자와 충돌하는 광자의 개수보다 광자의 에너지가 어느 정도인지가 중요하지요. 다시 말해 아무리 광자의 개수가 적다고 해도 각 광자의 에너지가 크면 충돌하는 전자는 충분히 큰 에너지를 전달받아 금속 밖으로 탈출할 수 있다는 뜻이랍니다. 이처럼 광전효과는 빛이 광자라는 알갱이처럼 행동한다는 증거인 셈이지요.

아인슈타인은 광전효과의 미스터리를 플랑크의 광양자 가설로 제대로 설명하면서 양자역학의 또 다른 기반을 닦았지만, 사실 양자역학을 불완전한 이론이라며 비판했어요. 특히 양자역학의 확률론적 특성을 싫어했답니다. 양자역학을 싫어하던 아인슈타인이 양자역학의 기초가 되는 연구를 했다니 약간 아이러니하기도 하지요.

막스 보른, 양자역학이란 이름을 짓다

과학자들이 양자라는 아이디어에서 출발해 새롭게 힘과 운동의 관계를 밝히려 했지만, 이런 노력은 1920년대에 어려움에 빠졌습니다. 이런 기초적 아이디어만으로 설명할 수 없는 새로운 현상이 계속 발견됐기 때문이지요. 이를 설명하고자 많은 과학자가 진정한 의미의 양자역학 연구를 시작했어요. 1925년부터 독일의 막스 보른, 베르너 하이젠베르크, 볼프강 파울리 등이 행렬을 이용해 새로운 역학을 만들었습니다. 이를 '행렬역학'이라고 했어요. 이후 오스트리아의 에르빈 슈뢰딩거가 새로운 방정식을 동원해 '파동역학'을 제시했고, 영국의 폴 디랙

이 새로운 이론을 내놓았습니다. 놀랍게도 이 세 가지 이론 모두가 같은 역학 이론임이 드러났어요. 막스 보른은 이 새로운 역학에 '양자역학'이라는 이름을 붙였지요.

양자역학은 고전물리학(고전역학)과 다른 특징이 많습니다. 크게 3가지를 들 수 있는데, 첫째로 양자화를 꼽을 수 있습니다. 에너지뿐만 아니라 운동량, 각운동량 같은 물리량이 특정 값으로 제한돼 있다는 뜻이지요. 둘째로 파동-입자 이중성이 있습니다. 양자역학이 지배하는 미시세계에서는 파동과 입자의 특성이 동시에 관찰된다는 뜻이랍니다. 셋째로 불확정성 원리가 있습니다. 물질의 물리량을 동시에 정확히 측정하는 데 한계가 있다는 뜻인데, 예를 들어 전자의 위치와 속도를 동시에 정확히 측정할 수 없답니다.

고전역학에서는 어떤 시각의 위치와 속도를 정하면 물체의 운동을 완전히 결정할 수 있다고 생각했어요. 하지만 20세기 초에 등장한 양자역학에서는 주사위 던지기처럼 확률적으로 파악할 수 있다는 관점을 제시하지요. 예를 들어 수소 원자에서 전자는 원자핵의 중심으로부터 무한대에 이르는 거리 사이에 존재할 수 있기 때문에 어느 순간에 어디에서 발견될지 알 수 없고 특정한 곳에서 전자가 발견될 확률만 알 수 있답니다. 이처럼 양자역학은 고전역학과 상반되는 특징을 갖고 있습니다.

파동-입자 이중성

빛은 전자기파란 파동의 특성과 함께 광자라는 입자의 특성을 동시에 갖는다는 사실이 밝혀졌어요. 이와 비슷하게 전자도 입자의 특성과 함께 파동의 특성을 갖습니다. 입자의 파동성을 보여 주는 실험 중에서 대표적인 것이 영의 이중 슬릿(구멍) 실험이지요. 사실 이 실험은 빛의

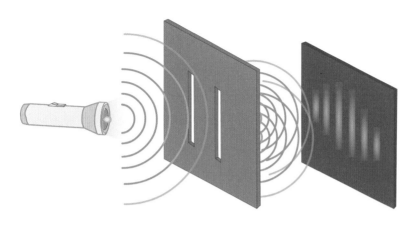

빛은 이중 슬릿을 통과한 뒤 스크린에 밝고 어두운 무늬를 만든다. 수많은 전자를 대상으로 이중 슬릿 실험을 해도 이와 비슷한 무늬가 나타난다. 미시세계에서는 파동-입자의 이중성을 보여 준다.

파동성을 입증하기 위해 1801년 영국의 물리학자 토머스 영(Thomas Young)이 고안한 실험입니다.

영은 벽의 좁은 틈새인 슬릿 하나에 빛을 비추고 이를 통과하며 회절한 빛이 다시 이중 슬릿을 통과하게 한 뒤, 스크린에 생기는 무늬를 관찰하는 실험을 설계했어요. 이것이 이중 슬릿 실험 장치입니다. 당시에는 빛을 입자의 흐름이라고 주장한 뉴턴(Isaac Newton)과, 빛을 파동이라고 주장하는 호이겐스(Christiaan Huygens)의 생각이 엇갈렸습니다. 이에 영이 이중 슬릿 실험 장치를 통해 간섭 실험을 한 것이지요. 실험 결과 이중 슬릿을 통과한 빛은 스크린에 밝고 어두운 무늬를 번갈아 만드는 것으로 나타났어요. 물결이 2개의 틈새를 통과해 퍼져 나갈 때 서로 간섭이 일어나는 것과 같은 상황이 벌어진 셈이지요. 이로써 빛은 전자기파임이 밝혀지기 전에 파동임이 증명됐습니다.

그렇다면 전자는 어떨까요? 입자처럼 보이는 전자를 갖고 이중 슬릿 실험을 하면 어떻게 될까요? 먼저 벽에 길쭉한 직사각형 형태의 구멍 2개를 뚫어 놓고서 야구공을 하나씩 쏜다면 어떻게 될지 생각해 봅시다. 야구공은 벽의 구멍 중 하나를 통과해 스크린에 충돌할 것인데, 그 위치에 점이 찍힌다고 합시다. 그러면 야구공들이 2개의 구멍을 지나 스크린에 남긴 흔적은 2개의 줄무늬가 생길 거예요. 이렇게 야구공 같은 입자는 이중 슬릿 실험을 하면 2개의 줄무늬를 남깁니다. 물결이나 빛은 여러 개의 줄무늬를 만드는 것과 확연하게 다릅니다. 이제 전자를 이중 슬릿에 쏘면 어떻게 될까요? 보통 입자로 생각하니 스크린에 2개의 줄무늬가 생겨야 할 텐데, 실제 실험을 해 보면 여러 개의 줄무늬가 생긴답니다. 놀랍게도 입자라고 생각했던 전자가 물결처럼 파동성을 갖는다는 뜻이지요.

불확정성의 원리

양자역학 하면 빼놓을 수 없는 것이 바로 불확정성의 원리입니다. 독일의 물리학자 베르너 하이젠베르크(Werner Karl Heisenberg)가 제안한 이 원리는 양자역학의 특성을 고스란히 담고 있어요. 불확정성의 원리는 1927년 막스 플랑크, 닐스 보어, 아인슈타인을 비롯한 당시 물리학계 거물이 참석한 회의에서 보어가 양자역학에 관해 설명한 새로운 해석, 즉 '코펜하겐 해석'의 핵심 내용 가운데 하나이기도 합니다.

고전역학에 따르면 물체의 위치와 운동량은 항상 동시에 측정할 수 있지요. 하지만 양자역학이 지배하는 미시세계에서는 그렇지 않다고 합니다. 예를 들어 전자의 위치를 정확히 측정하려고 하면 운동량을 정확히 알기 힘들고, 전자의 운동량을 정확히 측정하려면 위치를 정확히 알기 어렵답니다. 이를 '불확정성의 원리'라고 하지요.

왜 그럴까요? 코펜하겐 해석에 따르면 양자 상태에 대한 모든 정보가 파동함수에 들어 있다고 합니다. 양자역학의 기본식 중 하나가 슈뢰딩거의 파동방정식인데, 이 방정식은 파동함수가 시간에 따라 변화하는 것을 표현한 것이지요. 슈뢰딩거 방정식을 풀어서 얻을 수 있는 파동함수는 입자의 위치, 운동량 같은 물리량의 확률 크기에 대한 정보를 제공해요. 양자역학은 불연속적인 물리량을 갖는 입자를 파동함수로 다루고 그 결과를 확률로 해석합니다. 그렇다면 입자를 어떻게 파동함수로 나타낼 수 있을까요? 파동은 보통 사인이나 코사인 같은 삼각함수로 표현하는데, 입자는 진동수와 진폭이 다른 여러 개의 파동을 합쳐서 만든 '웨이브 패킷(wave packet, 파속(波束), 즉 파동 다발)'으로 나타낸답니다.

양자역학의 거장이자 코펜하겐 학파의 대표인 닐스 보어.

입자는 파동 다발 내의 어느 곳에 존재하지요. 그러므로 파동 다발의 폭이 좁으면 입자의 위치에 대한 불확실성이 작아지는 반면, 파동 다발의 폭이 커지면 위치의 불확실성이 커집니다. 그런데 입자의 운동량은 진동수에 비례해요. 따라서 좁은 폭의 파동 다발을 만들고자 진동수가 다른 파동을 많이 합하면 운동량의 불확실성이 커지지요. 결국 위치 측정의 오차를 줄이고자 하면 운동량 측정의 오차가 커진다는 뜻이랍니다. 하이젠베르크는 위치 오차와 운동량 오차의 곱은 일정한 값 이상일 수밖에 없다는 사실을 수학적으로 증명했어요.

하이젠베르크의 불확정성 원리에 따르면 서로 관계를 갖는 물리량들은 동시에 정확하게 측정하는 것이 불가능하다는 얘기랍니다. 위치와 운동량을 동시에 정확하게 측정할 수 없듯 에너지(질량)와 시간도 동시에 정확히 측정할 수 없다고 해요.

상보성의 원리

양자역학이라는 난해한 골칫덩어리 가운데에는 '상보성의 원리'가 있습니다. 이 원리는 양자역학의 거장이자 코펜하겐 학파의 대표인 닐스 보어가 주창한 것이에요. 어떤 물리적 시스템의 한 측면에 대한 지식은 그 시스템의 다른 측면에 대한 지식을 배제한다는 원리지요. 보어는 상호 배타적인 것들은 상보적이라고 말합니다. 예를 들어 위치와 운동량, 에너지와 시간, 입자와 파동 등이 상호 배타적인 물리량이지요.

먼저 불확정성 원리를 따른다는 위치와 운동량, 에너지와 시간이 상보적 관계에 있어요. 예를 들어 위치와 운동량의 관계를 살펴볼까요? 거시세계에서 어떤 물체를 본다는 것은 그 물체에서 튕겨 나오는 빛을 보는 것인데, 미시세계에서도 마찬가지랍니다. 전자의 위치를 알고자 한다면 전자에 빛을 쏜 뒤 튕겨 나오는 양상을 분석하면 되지요. 특히 위치를 정확히 파악하려면 파장이 짧은 빛을 이용하면 됩니다. 문제는 파장이 짧은 빛을 쏘면 큰 에너지가 전자에 전달되어 전자의 운동량을 정확히 알기 힘들어진다는 점입니다. 만일 전자의 운동량을 정확히 측정하고자 파장이 긴 빛을 사용하면 전자의 위치에 대한 불확실성은 그만큼 커지지요. 고전역학에서는 입자의 위치와 운동량을 정확하게 측정할 수 있지만, 양자역학에서는 그렇지 않아요. 하나의 결과가 다른 결과에 영향을 미치기 때문이지요. 다시 말해 입자의 위치에 대한 지식은 운동량에 대한 지식을 배제하며, 그 반대도 마찬가지라는 뜻입니다.

상보성 원리의 또 다른 예는 입자-파동의 이중성이 있습니다. 고전역학에서 서로 배타적인 개념인 입자성과 파동성이 양자역학에서는 상호 보완적으로 작용한다는 뜻이지요. 빛의 경우 맥스웰이 전자기파가 파동임을 규명했지만, 플랑크가 흑체복사 문제를 해결하고자 빛이 에너지 덩어리를 가진 광자임을 도입했습니다. 빛은 거시세계에서 파동으로 행동하지만, 미세한 에너지가 중요한 역할을 하는 상황에서는 광자로 행동합니다. 이처럼 입자성과 파동성을 동시에 갖고 있는 현상을 입자-파동의 이중성이라고 합니다. 이 두 가지 성질은 서로 상보적입니다. 즉 빛이 파동처럼 행동할 때는 입자의 성질이 사라지는 반면, 빛이 입자처럼 행동할 때는 파동의 성질이 사라진다는 뜻이지요. 빛뿐만 아니라 전자 같은 입자도 파동성을 갖습니다. 프랑스의 물리학자 드브로이는 고전역학에서의 입자도 파동처럼 행동할 수 있다며 물질파가 존재한다고 주장했어요. 거시세계에서는 물질파의 파장이 너무 짧아 파동으로서의 성질이 거의 나타나지 않지만, 미시세계에서는 물질파 파장이 중요해진답니다. 전자조차 고전적인 빛처럼 간섭현상을 일으킨다는 사실이 실험적으로 밝혀졌습니다.

물질파의 존재를 주장한 프랑스 물리학자 드브로이.

코펜하겐 해석

양자역학의 태동기에 활동했던 학자들의 수장 격에 해당하는 학자가 바로 덴마크의 물리학자 닐스 보어(Niels

Bohr)입니다. 덴마크 코펜하겐에서 활동했던 보어가 이끄는 양자역학 연구 그룹을 '코펜하겐 학파'라고 합니다. 1927년 벨기에 브뤼셀에서 열린 회의에서 보어는 양자역학에 대한 새로운 해석을 제시하고 자세히 설명했답니다. 이를 '코펜하겐 해석'이라고 해요. 앞에서 다루었던 불확정성 원리, 상보성 원리 등도 코펜하겐 해석에 포함되지요. 발표 당시 아인슈타인 등에 의해 비판받기도 했던 코펜하겐 해석은 현재 양자역학의 주류 해석으로 받아들여지고 있답니다.

양자역학을 이해하기 위해서는 코펜하겐 해석을 어느 정도 파악하는 것이 필요하지요. 코펜하겐 해석의 내용을 요약해 보면 다음과 같아요. 먼저 입자의 상태는 파동함수에 의해 결정되며, 파동함수의 제곱은 측정값에 대한 확률밀도를 나타낸다고 합니다. 예를 들어 원자를 이해하고 싶다면 원자핵과 전자의 움직임은 파동함수에 담겨 있어요. 파동함수가 시간에 따라 변화하는 것은 슈뢰딩거 방정식을 통해 표현되고요. 또 모든 물리량은 관측이 가능할 때만 의미를 갖습니다. 물리적 대상의 물리량은 객관적인 값이 아니라 관측의 영향을 받는 값이기 때문이지요. 어떤 관측가능량을 측정하면 파동은 측정 순간 특정한 관측값의 고유상태로 붕괴합니다. 전자의 위치, 운동량, 에너지 같은 물리량이 관측가능량이지요.

코펜하겐 해석에는 서로 관계가 있는 물리량은 하이젠베르크의 불확정성 원리에 따라 동시에 정확히 측정하는 것이 불가능하다는 내용도 포함됩니다. 또 전자와 같은 입자들은 입자의 성질과 파동의 성질을 상보적으로 갖습니다. 아울러 양자역학적으로 허용된 상태들은 불연속적인 특정한 물리량만 가질 수 있어요. 양자 도약이 가능한 셈이지요. 즉, 한 상태에서 다른 상태로 변하기 위해서는 한 상태에서 사라지는

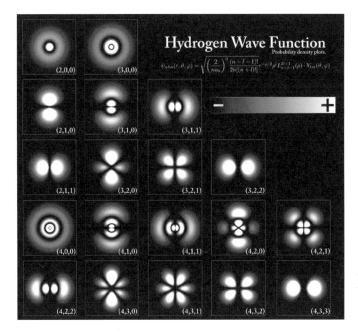

Hydrogen Wave Function
Probability density plots.

$$\psi_{nlm}(r,\vartheta,\varphi) = \sqrt{\left(\frac{2}{na_0}\right)^3 \frac{(n-l-1)!}{2n[(n+l)!]}}\, e^{-r/2}\rho^l L_{n-l-1}^{2l+1}(\rho)\cdot Y_{lm}(\vartheta,\varphi)$$

(2,0,0) (3,0,0)

(2,1,0) (3,1,0) (3,1,1)

(2,1,1) (3,2,0) (3,2,1) (3,2,2)

(4,0,0) (4,1,0) (4,1,1) (4,2,0) (4,2,1)

(4,2,2) (4,3,0) (4,3,1) (4,3,2) (4,3,3)

수소 원자에서 각기 다른 에너지 준위에 있는 전자의 파동함수. 밝은 영역일수록 전자를 발견할 확률이 더 높아진다는 뜻이다.

동시에 다른 상태에서 나타나야 합니다.

물론 코펜하겐 해석에 대한 비판이 있어요. 코펜하겐 해석에 따르면 측정하는 순간 파동이 어떤 고유상태로 붕괴하느냐를 더 이상 알 수 없고, 이에 대한 확률만 알 수 있을 뿐이랍니다. 측정하기 전까지 상태를 이야기하는 것은 의미가 없다는 입장이지요. 비(非)실재론에 가깝다고 할 수 있어요. 코펜하겐 해석이 주류지만, 다(多)세계 해석 같은 대안이 제기되기도 합니다.

전자가 의식을 가질까

다시 이중 슬릿 실험에 관해 얘기해 볼까요? 전자기파인 빛이나 물결과를 보내면 이중 슬릿을 지난 뒤 스크린에는 간섭이 생겨서 밝고 어두운 줄무늬가 번갈아 생긴다고 말한 바 있습니다. 전자를 쏘아 이중 슬릿을 통과시켜도 밝고 어두운 줄무늬가 번갈아 나온다고 했고요. 입자가 보여 주는 2개의 줄무늬가 아니라 파동처럼 여러 개의 줄무늬가 생긴다는 뜻이에요. 이 결과를 이해하는 것은 쉬운 일이 아니랍니다.

처음 이것을 접한 물리학자들도 상당히 당황했어요. 입자는 한 번에 단 하나의 구멍(슬릿)만 통과할 수 있고 2개의 구멍을 동시에 지날 수 없지요. 파동이 2개의 구멍, 아니 여러 개의 구멍을 동시에 통과할 수 있어요. 전자가 파동과 같은 줄무늬를 만들었다는 것은 파동처럼 2개의 구멍을 동시에 지났다는 뜻이랍니다. 실제 물리학자들은 전자가 2개의 구멍을 동시에 지난다는 표현을 사용합니다.

만일 전자를 하나만 쏘면 어떻게 될까요? 스크린에는 단 하나의 점이 찍히겠지요. 하지만 수천 개의 전자를 쏘면 수많은 점이 패턴을 만드는데요, 이 패턴이 2개의 줄무늬가 아니라 여러 개의 줄무늬라는 겁니다. 그렇다면 전자끼리 어떤 상호작용을 해서 파동과 같은 줄무늬를 만드는 것일까요? 그렇지 않습니다.

이제 전자를 하나씩 쏘면서 결과를 확인한 뒤 다음 전자를 쏘는 실험을 생각해 봅시다. 어떤 일이 벌어질까요? 이렇게 해도 파동처럼 여러 개의 줄무늬가 생긴답니다. 물론 충분히 많은 전자가 스크린에 찍힐 때까지 기다려야 하지요. 결국 정리하면, 파동의 패턴은 개개의 전자가 다른 전자와 정보를 교환하지 않고, 여러 개의 전자가 종합해서 만드는 결과인 셈입니다. 하지만 전자 하나의 입장에서 따져 보면 여러 개의 줄무늬는 확률적 파동이 만들어낸 결과라고 할 수 있어요. 마치 주사위를 던질 때 특정 눈이 나올 확률이 1/6이라고 말하는 것과 비슷하지요.

주사위를 한 번 던질 때 아무거나 나오겠지만 6000번 던지면 1000번 정도 특정 눈(예를 들어 1의 눈)이 나오는 것처럼 말입니다.

그래도 이상하다고 느낄 겁니다. 전자가 정말로 2개의 구멍을 동시에 지날 수 있을까요? 전자를 쏘며 매번 사진을 찍으면 2개의 구멍을 동시에 지나는 사진은 없고, 전자가 왼쪽 또는 오른쪽의 구멍 하나만 지난다고 해요. 이런 식으로 관측하면서 이중 슬릿 실험을 하면 스크린에는 2개의 줄무늬가 생긴답니다. 입자의 성질에 따른 결과지요. 그렇다면 여러 개의 줄무늬는 어떻게 얻을 수 있을까요? 사진 찍기, 즉 관측을 중단하면 됩니다. 전자는 관측하면 입자처럼 행동해 하나의 구멍만 통과하고, 관측하지 않으면 파동처럼 행동하며 2개의 구멍을 동시에 지나는 셈이지요. 전자가 마치 의식을 가진 것일까요?

우주는 거시세계와 미시세계로 나뉩니다. 거시세계는 뉴턴의 고전역학이 지배하는 세계로 우리에게 친숙하지요. 하나의 입자가 하나의 구멍을 지나는 세계랍니다. 반면 미시세계는 양자역학이 지배하는 세계인데, 전자 같은 입자가 파동의 성질을 가져 동시에 2개의 구멍, 아니 수십 개의 구멍을 지나기도 하지요. 이처럼 여러 가능성을 동시에 가지는 상태를 '중첩상태'라고 합니다. 관측을 하면 미시세계의 중첩상태는 깨지고 거시세계의 한 상태로 붕괴한답니다.

수상자들의 업적
본격! 양자 얽힘 현상을 실험적으로 규명하다

유령 같은 원거리 작용?

　　노벨위원회는 프랑스 파리 사클레대의 알랭 아스페 교수, 미국 존 클라우저 협회의 존 클라우저 창립자, 오스트리아 빈대의 안톤 차일링거 교수가 얽힌 광자의 실험을 통해 '벨 부등식 위배'를 확인하고 양자정보과학의 선구자 역할을 했다고 밝혔어요. 이들 3명은 획기적인 실험을 통해 얽힌 상태에 있는 입자를 조사하고 제어할 수 있는 잠재력을 입증했습니다. 미시세계를 지배하는 양자역학에 따르면, 서로 영향을 미치기에 너무 멀리 떨어져 있는 경우라도 얽힌 쌍의 한 입자에 발생하는 일이 다른 입자에 발생하는 일을 결정하지요. 이를 '양자 얽힘'이라고 해요. 3명의 수상자는 실험 도구를 개발해 양자 얽힘을 규명함으로써 새로운 양자기술 시대의 기반을 마련했다는 평가를 받았습니다.

　　양자역학의 기초는 단순히 이론적이거나 철학적인 문제가 아닙니다. 양자컴퓨터를 구성하고 측정을 개선하며 양자 네트워크를 구축하고 안전한 양자 암호화 통신을 확립하고자 개별 입자 시스템의 특수한 속성, 즉 양자 얽힘을 활용하기 위한 연구개발이 집중적으로 진행되고 있어요.

　　양자역학 분야의 많은 응용 사례가 양자 얽힘에 의존하고 있습니다. 양자 얽힘은 2개 이상의 입자가 얼마나 멀리 떨어져 있는지에 관계없이 공유 상태로 존재하도록 허용하는 방법이지요. 사실 양자 얽힘은 이론이 공식화된 이래 양자역학에서 가장 논쟁이 많은 요소 중 하나였어

056
노벨상을 꿈꿔라 8

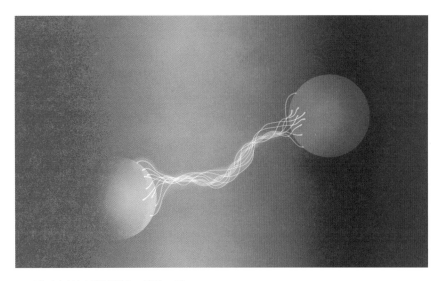

두 입자 사이의 양자 얽힘 현상을 표현하는 그림. © Johan Jarnestad/The Royal Swedish Academy of Sciences

요. 아인슈타인은 '유령 같은 원거리 작용'이라고 비판하기도 했고, 슈뢰딩거는 양자역학의 가장 중요한 특성이라고 강조하기도 했습니다. 3명의 수상자는 얽힌 양자 상태를 탐구했으며, 이들의 실험은 현재 양자기술에서 진행되고 있는 혁명의 토대를 마련했습니다.

양자 중첩

양자역학이 고전역학과 확연히 구별되는 대표적인 특징이 양자 중첩과 양자 얽힘이지요. 중첩과 얽힘이 양자기술의 핵심이기도 합니다. 먼저 양자 중첩에 대해 살펴볼까요?

양자 중첩이란 양자의 이중성에서 더 나아가 여러 가능성을 동시에 갖는 상태를 말합니다. 빛이 파동이면서 동시에 입자라고 했듯, 양자역학이 지배하는 미시세계에서는 양자 중첩 현상이 발생하지요. 예를 들어 흔히 원자의 모습은 전자가 원자핵 주변의 궤도를 도는 형태로 표현하지만, 사실은 전자가 원자 영역에서 정확히 어디에 있는지 알 수 없기 때문에 전자 구름 형태로 표현하기도 합니다. 원자 영역에서 전자가 발견될 확률을 따지는 전자의 확률분포 모델이 양자 중첩을 설명하기에 좀 더 적합합니다.

다시 말하면 어떤 시스템의 물리적 상태가 0이나 1로 결정되어 있는 것이 아니라 확률적으로 0이나 1이 측정될 수 있는 상태를 '중첩'이라고 해요. 그리고 측정을 통해 파동함수가 0이나 1의 상태로 붕괴하게 된답니다. 또한 0 또는 1인 별개의 상태가 중첩되어 0과 1 사이의 어중간한 상태를 나타낼 수 있게 되는 것이지요. 이를 활용하는 것이 양자 컴퓨터입니다. 기존에 반도체를 사용하는 컴퓨터는 전기가 흐르면 1, 흐르지 않으면 0이라는 이진법에 바탕을 두고 계산하는데, 0 또는 1 가운데 하나의 값을 가지는 이 기본 단위를 '비트'라고 하지요. 이에 비해 양자 컴퓨터는 0과 1의 상태 넘어서 중첩을 활용하는데, 0과 1을 동시에 갖는 것을 허용하는 이 단위를 양자 비트, 즉 '큐비트'라고 합니다. 큐비트는 0과 1의 상태가 중첩돼 있어서 관측 순간 0이나 1로 결정되므로, 2개의 큐비트만으로 00, 01, 10, 11을 나타낼 수 있어요.

슈뢰딩거의 고양이는 살아 있을까? 죽었을까?

양자 중첩을 개념적으로 설명한 사고 실험이 바로 '슈뢰딩거의 고양이'입니다. 양자역학의 핵심인 슈뢰딩거 방정식을 만든 장본인인 슈뢰딩거조차도 자신이 도입한 파동함수가 확률적으로 해석되는 것을 못마땅하게 생각하고 '슈뢰딩거 고양이'란 사고 실험을 제안했던 것이지요.

고양이 한 마리가 밖에서는 보이지 않는 상자 속에 갇혀 있습니다. 상자 속에는 붕괴하는 방사성 원자도 함께 있어요. 만일 이 방사성 원자의 원자핵이 붕괴하면 방사능 검출기가 이를 감지하고 기계장치가 움직여 독약이 든 병을 깨트립니다. 그러면 고양이는 죽게 되는 것이지요. 그런데 만약 원자가 붕괴하지 않은 상태, 붕괴한 상태 중에서 결정되지 않은 중첩 상태에 있다고 가정하면, 상자 속 고양이는 어떤 상태일까요? 슈뢰딩거는 거시세계의 존재인 고양이가 중첩 상태에 있다면 살아 있는 것인지, 아니면 죽은 것인지 의문을 제기한 것입니다. 이 경우 미시세계에서 원자핵 붕괴 또는 붕괴하지 않음이 중첩된 상태가 거시세계에서 고양이의 죽은 상태와 살아 있는 상태가 중첩된 상태로 진화하게 됩니다. 상자를 여는 순간 고양이의 상태가 결정된다면, 이는 고전역학을 따르는 거시세계의 물리법칙과 모순된다는 뜻이지요.

슈뢰딩거가 제안한 이 사고 실험은 보른이 제시한 양자 상태의 중첩을 부정할 목적으로 고안한 것이지요. 고양이의 생사에 관한 역설을 담은 슈뢰딩거의 사고 실험은 거시세계의 고양이를 미시세계와 연결시켜 설명하고자 했어요. 사실 거시세계의 존재인 고양이의 생사는 중첩되지 않습니다. 미시세계에서는 파동을 구분할 수 있어 파동의 중첩이 자연스럽게 생겨날 수 있지만, 거시세계에서는 고양이가 지닌 파장이 너무 짧아서 둘 중 하나

상자 속 고양이는 살아 있을까? 아니면 죽었을까? 상자를 열고 확인할 때까지 알 수 없다.

의 상태만 갖게 된다고 해요. 아직 슈뢰딩거 고양이의 역설은 완전하게 해결되지 않았습니다. 물론 이런 문제를 발생시키는 원인은 미시세계와 거시세계의 경계가 어디인지 모르기 때문인데, 이를 탐구하기 위해 분자를 이용한 실험을 계속하고 있지요.

양자 얽힘 vs 숨은 변수

양자 얽힘이란 원자보다 작은 입자 2개 이상이 거리와 관계없이 공동의 양자 상태(위치, 운동량, 스핀)로 연결되는 현상을 말합니다. 두 입자가 얽힌 양자 상태에 있을 때는 한 입자의 특성을 측정하면 확인하지 않고도 다른 입자에 대한 측정 결과를 즉시 결정할 수 있어요. 예를 들어 두 입자의 상태가 01 또는 10의 상태로 중첩되어 있어서 한 입자의 상태를 측정해 0이 관측되면 시스템이 01 상태로 붕괴되므로, 다른 입자가 반드시 1의 상태로 관측된다는 식입니다.

언뜻 보기에 이것이 그렇게 이상하지는 않을 수 있어요. 입자를 공으로 대체하고, 검은색 공을 한 방향으로 보내고 흰색 공을 반대 방향으로 보내는 실험을 상상해 보세요. 관찰자가 공을 잡았을 때 공이 흰색임을 확인하면 당연히 반대 방향으로 움직인 공이 검은색이라고 즉시 말할 수 있을 겁니다.

하지만 양자역학이 지배하는 미시세계에서는 상황이 이렇게 단순하지 않아요. 공(실제로는 입자)이 측정될 때까지 결정된 상태가 없다는 것이지요. 마치 누군가가 그중 하나를 볼 때까지 둘이 모두 회색인 것과 같습니다. 그다음에 무작위로 공을 가져오면 그 공은 검은색 또는 흰색일 수 있고, 나머지 공은 즉시 반대 색으로 바뀐다고 해요.

그런데 공이 처음에 색이 정해지지 않았다는 것을 어떻게 알 수 있

을까요? 회색으로 보이더라도 누군가 관찰하면 어떤 색으로 바뀌어야
하는지 알려 주는 라벨(표시)이 숨겨져 있지 않았을까요? 이처럼 양자
역학에서 나타나는 양자 얽힘이 사실이 아니고 그 뒤에 숨겨진 변수가
있다고 생각하기도 했습니다.

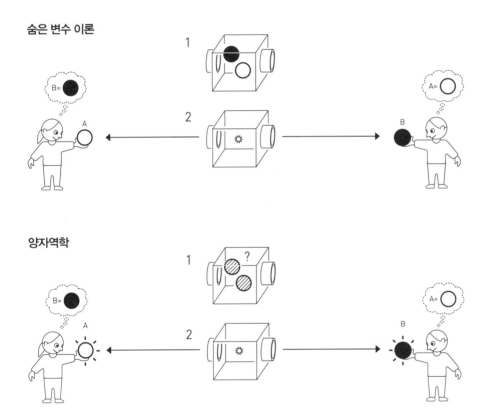

양자역학의 얽힌 쌍은 서로 다른 색깔의 공을 반대 방향으로 던지는 기계에
비유할 수 있다. 숨은 변수 이론에서는 공에 어떤 색을 표시할지에 대한 숨은
정보가 포함돼 있다고 간주하지만, 양자역학에서는 관찰하면 무작위로 하나는
흰색, 다른 하나는 검은색으로 바뀐다. © Johan Jarnestad/The Royal Swedish
Academy of Sciences

양자역학의 얽힌 쌍은 서로 다른 색깔의 공을 반대 방향으로 던지는 기계에 비유할 수 있어요. 두 공을 철수와 영희가 잡는다고 생각해 보세요. 철수가 공을 잡았을 때 공이 검은색임을 확인하면 즉시 영희가 흰색 공을 잡았음을 알 수 있습니다. 숨은 변수를 사용하는 이론에서는 공에 항상 어떤 색상을 표시할지에 대한 숨은 정보가 포함돼 있다고 간주해요. 하지만 양자역학에 따르면 두 공은 누군가가 관찰할 때까지 회색이었고요, 관찰하면 무작위로 하나는 흰색으로, 다른 하나는 검은색으로 변하게 된답니다.

아인슈타인이 제기한 EPR 역설

아인슈타인은 양자역학을 반대하는 대표적인 과학자였어요. 특히 양자역학에서 말하듯 자연 현상이 확률에 지배를 받는다는 것을 인정하지 않았답니다. 양자역학이 확률로 설명하는 이유는 그 이론이 불완전하기 때문이며, 만약 숨은 변수를 찾아낸다면 확률적 요소를 없앨 수 있을 것이라고 생각했지요.

1935년 아인슈타인은 보리스 포돌스키(Boris Podolsky), 네이선 로젠(Nathan Rosen)과 함께 양자역학이 완전한 이론이 아님을 증명하기 위해 '물리적 실재에 대한 양자역학적 서술은 완전하다고 할 수 있을까?'란 제목의 논문을 발표했습니다. 이 논문에서 세 사람은 자신들의 이름 머리글자를 따서 'EPR 역설'을 제기했어요.

논문에서 아인슈타인은 국소성(locality)과 실재론(realism)이란 두 가지 가정에 바탕을 두고 양자역학을 공격했어요. 국소성은 어떤 것도 멀리 떨어져 있는 물리계에 즉각적인 영향을 미칠 수 없다는 성질이고, 실재론은 자연이 측정과 관계없이 이미 결정되어 있는 '물리적 실재'로 이루어져 있다는 가정입니다. 두 가정을 합해서 '국소적 실재론(local realism)'이라고 하지요.

먼저 아인슈타인은 달을 바라보지 않을 때도 달이 존재하는 것처럼 우주는 측정과 무관하게 '물리적 실재'로 존재한다고 믿었습니다. 논문에서 아인슈타인은 한 입자의 위치와 운동량은 물리적 실재라고 설명했어요. 양자역학의 불확정성 원리에 따르면, 위치와 운동량은 동시에 정확히 결정될 수 없으니, '실재'에 대해 불완전한 이론이라고 결론을 내릴 수 있다는 뜻이지요. 그리고 물리적 성질은 국소성을 가지고 있으므로 시공간의 어떤 점에 국한돼야 한다고 주장했어요. 즉, 서로 멀리 떨어져 있는 두 시스템은 동시에 서로 영향을 줄 수 없다는 의미지요. 만일 서로 영향을 주고받으려면 어떤 형태로든 정보를 주고받아야 하고 그런 정보 전달은 빛보다 빠르게 즉각적으로 이루어져야 합니다. 상대성이론에 따르면 빛보다 빠른 속도로 정보를 전달할 수 없기 때문에 이는 불가능하다고 설명했답니다.

하지만 양자역학에서는 서로 멀리 떨어져 있는 입자에 대한 측정이 다른 입자에 동시에 영향을 미칠 수 있다고 설명하므로, 양자역학은 불완전하다고 주장한 것이지요. 아인슈타인에 따르면, 멀리 떨어져 있는 두 입자가 영향을 주고받을 수 있는 것은 숨은 변수를 모르기 때문에 그렇게 보일 뿐이라고 합니다. 문제는 EPR 역설을 결정적으로 검증할 실험 방법이 오랫동안 존재하지 않았던 점이랍니다.

벨 부등식, 양자역학이 불완전한가?

1964년 유럽입자물리연구소(CERN)에서 연구하던 북아일랜드 출신의 물리학자 존 스튜어트 벨이 'EPR 역설에 대하여'란 제목의 논문

유럽입자물리연구소(CERN)에서 연구하던 존 벨은 1964년 벨 부등식을 발견했다. 사진은 1982년 CERN의 연구실에서 벨 부등식을 설명하는 장면.
ⓒ CERN

을 발표했어요. 논문에서 벨은 EPR 역설을 뒷받침하고자 국소적 숨은 변수 이론이 존재한다면 관측값이 충족해야 할 부등식을 제안했답니다. 이를 '벨 부등식'이라고 해요. 벨 부등식은 양자역학이 불완전한 이론임을 보이기 위해 제기된 셈이지요.

벨 부등식에 대해 자세히 얘기하자면 내용이 상당히 어려우니, 대략 설명해 보겠습니다. 먼저 EPR 역설에서처럼 국소성 가정을 해요. 즉, 한쪽에서 물리량을 측정하면 다른 쪽에서는 같은 물리량에 대해 항상 확실히 반대 값을 주는 것을 가정한다는 말이지요. 이런 물리량을 3가지 생각했을 때 단순히 물리량이 상관관계를 갖는 부등식을 다음과 같이 세웠답니다.

$$1 + C(b, c) \geq |C(a, b) - C(a, c)|$$

이 식에서 C는 상관관계를 뜻하지요. 한 실험은 a를 측정하고 다른 실험은 b를 측정해요. c는 편의상 비교하기 위한 제3의 가상 실험이고요. 상식적으로 b와 c가 함께 발생할 확률 C(b, c)는 각각 (a, b)와 (a, c)가 함께 발생할 확률보다 작아야 하지요. 따라서 앞의 부등식이 성립한다는 것이 당연해 보입니다. 국소적 숨은 변수 이론이 옳다는 의미지요.

놀랍게도 벨은 아인슈타인의 국소적 숨은 변수 이론에 의한 고전적 해석과 양자역학에 따른 양자 얽힘 해석을 구분할 수 있는 실험을 설계해 제시한 것입니다. 핵심은 정해져 있는 두 입자의 상태를 모른다는 것과 두 입자의 상태가 중첩 상태에 있다는 것은 여러 측정 사이의 상관관계에 미치는 영향이 다르다는 점이지요. 그런 상관관계가 고전적 해석을 따른다면 벨 부등식을 충족하게 된다는 뜻이에요. 하지만 간단한 양자역학적 경우를 생각하면 이 부등식이 충족하지 않음을 살펴볼 수 있답니다. 즉 양자역학의 중첩과 얽힘에 따른 결과는 벨 부등식을 벗어나게 되기 때문이지요. 벨은 만약 오늘날까지 살아 있었다면 당연히 노벨상을 받았을 만큼 매우 명쾌한 실험을 제안했습니다.

벨 부등식을 검증하라

벨은 세상을 순전히 양자역학으로 설명할 수 있는지, 아니면 숨은 변수에 따라 다른 설명을 해야 하는지를 가릴 수 있는 일종의 실험을 발견한 것입니다. 그의 실험을 여러 번 반복하면 숨은 변수가 있는 모든 이론은 특정 값보다 작거나 같은 결과 사이의 상관관계를 보여 주지요. 하지만 양자역학은 벨 부등식을 깨뜨릴 수 있어요. 숨은 변수를 통해 가능한 것보다 결과 간 상관관계에 대해 더 큰 값을 예측하기 때문입니다. 당연히 많은 과학자가 벨 부등식을 검증하는 데 관심을 보이기 시작했어요.

벨 부등식을 검증하는

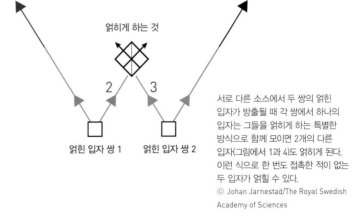

얽히게 하는 것

얽힌 입자 쌍 1　　얽힌 입자 쌍 2

서로 다른 소스에서 두 쌍의 얽힌 입자가 방출될 때 각 쌍에서 하나의 입자는 그들을 얽히게 하는 특별한 방식으로 함께 모이면 2개의 다른 입자(그림에서 1과 4)도 얽히게 된다. 이런 식으로 한 번도 접촉한 적이 없는 두 입자가 얽힐 수 있다.
© Johan Jarnestad/The Royal Swedish Academy of Sciences

실험 방법은 양자역학적으로 얽혀 있는 두 입자를 만드는 작업에서 시작됩니다. 얽힌 상태에 있는 두 광자 사이에는 상관관계가 존재해요. 1번 광자가 수평 편광을 가지면 2번 광자는 수직 편광을 보이는 반면, 1번 광자가 수직 편광을 나타내면 2번 광자는 수평 편광을 보이는 식이지요.

이제 앨리스와 밥이라는 관찰자가 각자가 받은 광자의 편광을 독립적으로 측정하고 결과들 사이에 나타나는 상관관계를 살펴봅시다. 두 사람이 얻은 통계 사이의 상관관계가 고전적 상관관계라면 벨 부등식이 성립할 거예요. 하지만 양자 얽힘을 이용하면 두 사람이 선택한 특정한 측정 방향이 벨 부등식을 충족하지 않는 결과를 얻게 될 것입니다.

이번에 노벨 물리학상을 받은 존 클라우저 창립자, 알랭 아스페 교수, 안톤 차일링거 교수는 차례대로 벨 부등식을 검증하는 실험을 설계했고, 모두 벨 부등식이 위배되는 결과를 얻었답니다. 과학사적으로 보면 벨 부등식 위배를 확인한 것은 고전적 세계관을 폐기하는 동시에 양자 얽힘이 가져오는 비국소성 시대를 열어젖혔음을 의미해요. 즉, 국소적 실재론으로 설명되지 않는 양자역학의 시대가 열렸음을 알리는 성과라는 뜻이지요.

최초로 벨 부등식 위배 실험을 하다

벨 부등식 위배 실험에 처음 도전한 과학자는 미국의 물리학자 존 클라우저였습니다. 존 클라우저는 1960년대 학생 시절에 양자역학에 관심을 갖기 시작했고 벨의 아이디어를 접한 뒤 벨 부등식을 테스트할 수 있는 실험을 구상했습니다.

실험은 한 쌍의 얽힌 입자를 서로 반대 방향으로 보내는 것과 관련이 있지요. 실제로는 편광이라는 특성을 가진 광자가 사용된다고 해요. 편광은 여러 방향으로 진동하는 빛의 성분 가운데 한 방향으로 진동하는 빛 성분을 말합니다. 입자가 방출될 때 편광 방향은 결정되지 않는데, 확실한 것은 입자가 평행한 편광을 갖는다는 것이지요. 이는 특정 방향으로 향하는 편광 필터를 이용하면 조사할 수 있어요. 많은 선글라스처럼 특정 평면(예를 들어 물에 반사되는 면)에서 편광된 빛을 차단하는 효과를 활용하는 것이랍니다. 실험에서는 두 입자가 같은 평면으로 설정된 필터를 향해 전달된다면 둘 다 통과하지만, 필터의 각도가 직각을 이룬다면 한 입자는 통과하고 다른 하나는 통과하지 못해요. 기울어진 각도에서 서로 다른 방향으로 설정된 필터로 측정하면 결과가 달라진답니다. 때로는 둘 다 통과하고, 때로는 하나만 통과하고, 때로는 둘다 통과하지 못해요. 두 입자가 필터를 통과하는 빈도는 필터 사이의 각도에 따라 달라진답니다.

양자역학은 측정 간의 상관관계를 이끌어내지요. 하나의 입자가 필터를 통과할 가능성은 실험 장치의 반대쪽에서 짝 입자의 편광을 테스트하는 필터의 각도에 따라 달라집니다. 이는 두 측정의 결과가 일부 각도에서 벨 부등식을 위반한다는 뜻이에요. 즉 결과가 숨은 변수에 지배되어 입자가 방출될 때 이미 미리 정해진 경우보다 더 강한 상관관계를 갖는다는 말이지요.

1972년 미국 버클리 소재 캘리포니아대에서 연구하던 그는 대학원생 스튜어트 프리드만과 함께 벨 부등식 위배 실험을 했답니다. 한 번에 2개의 얽힌 광자를 방출해 편광을 테스트하는 필터를 향하는 장치를 제작했지요. 구체적으로는 칼슘(Ca) 원자를 이용해 얽힌 광자쌍을 만들어낸 뒤, 양쪽에 배치된 필터(평행 편광자)에 통과시켜 광자의 편광을 측정했지요. 이들은 여러 번 측정 실험을 수행하고 벨 부등식을 명백히 위반하는 결과를 학계에 보고했어요. 처음으로 벨 부등식 위배를 증명하는 역사적 실험에 성공한 셈이지요. 이 실험을 통해 숨은 변수

벨 부등식 실험

존 클라우저는 칼슘 원자로 얽힌 광자쌍을 만든 뒤 양쪽에 필터를 설치해 광자의 편광을 측정했다.
측정 결과 벨 부등식이 깨졌음을 처음 확인했다.

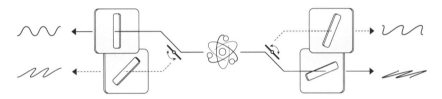

알랭 아스페는 클라우저의 실험을 보완했다.
복수의 편광판을 이용해 광자쌍이 만들어진 직후 측정 방향을 결정하도록 실험을 진행했다.
역시 벨 부등식 위배를 증명했다.

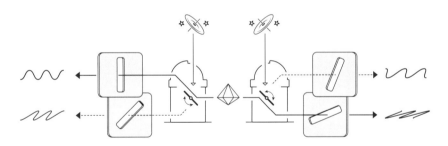

안톤 차일링거는 특별한 결정에 레이저를 비춰 얽힌 광자쌍을 만들고 난수를 사용해 측정 설정을 바꾸며 실험했다.
한 실험에서는 먼 은하에서 오는 신호를 이용하기도 했다.

© Johan Jarnestad/The Royal Swedish Academy of Sciences

이론이 아니라 양자역학의 손을 들어주었답니다.

실험의 허점을 극복하다

그 후 몇 년간 존 클라우저와 다른 물리학자들은 클라우저 연구팀이 행한 실험과 그 한계에 관한 토론을 계속했어요. 그중 하나는 입자를 생성하고 포획할 때 모두 실험이 비효율적이라는 점이었습니다. 또 측정은 고정된 각도의 필터로 미리 설정돼 있었고요. 따라서 관찰자가 결과에 의문을 제기할 수 있는 허점이 있었던 것이지요. 실험 설정이 어떤 식으로든 우연히 상관관계가 강한 입자를 선택하고 다른 입자는 감지하지 못했다면 어떻게 될까요? 그렇다면 입자는 여전히 숨은 정보를 전달할 수 있을 거라는 뜻이지요.

얽힌 양자 상태는 깨지기 쉽고 관리하기 어렵기 때문에 이 특정 허점은 제거하기 어려웠어요. 광자를 개별적으로 다루는 것이 필요했지요. 프랑스에서 박사과정을 밟고 있던 알랭 아스페는 몇 번의 시행착오를 통해 과감하게 개선한 새로운 실험을 설계했습니다. 이 실험에서는 필터를 통과한 광자와 통과하지 않은 광자를 기록할 수 있을 정도로 더 많은 광자를 검출했고 측정하기도 더 좋았다고 해요.

아울러 아스페는 서로 다른 각도로 설정된 2개의 필터를 향해 광자를 조종할 수 있었답니다. 얽힌 광자가 생성되어 방출된 뒤 그 광자의 방향을 바꾸는 메커니즘을 적용했지요. 필터는 불과 6m 거리에 있었기 때문에 방향은 수십억 분의 1초 안에 바꿔야 했어요. 만일 광자가 도달하는 필터에 관한 정보가 광자의 방출 방식에 영향을 가한다면, 그 광자는 해당 필터에 도달하지 않습니다. 또 실험의 한쪽에 있는 필터에 관한 정보가 다른 쪽에 도달해 측정 결과에 영향을 줄 수도 없어요.

이렇게 아스페는 클라우저의 실험을 발전시켜 그 허점을 막고 벨 부등식 위배를 확실히 증명했답니다. 즉, 원자를 들뜨게 하는 새로운 방법을 이용해 더 빠르게 얽힌 광자를 방출했으며, 다른 실험 설정으로 바꿀 수 있어서 시스템은 결과에 영향을 미칠 수 있는 사전 정보를 포함하지 않았기 때문이지요.

나중에 오스트리아 빈대의 안톤 차일링거는 벨 부등식에 대해 더 많은 테스트를 수행했어요. 차일링거는 특수 결정에 레이저를 비추어 얽힌 광자 쌍을 만들고 난수를 사용해 측정 설정을 바꿨답니다. 한 실험에서는 먼 은하에서 오는 신호를 사용해 필터를 제어하고 신호가 서로 영향을 미치지 않도록 했지요.

양자 순간이동, 장거리 양자통신을 시연하다

특히 안톤 차일링거는 양자 얽힘을 이용해 벨 부등식을 깨뜨리며 양자역학을 근본적으로 검증하는 데 그치지 않았어요. 얽힌 양자 상태는 정보를 저장하고 전송하며 처리하는 새로운 방법에 대한 잠재력을 갖고 있지요. 차일링거는 양자 순간이동 기술, 장거리 양자통신 기술을 발전시키는 데 공헌했답니다.

1997년 차일링거 연구진은 처음으로 양자 순간이동 실험을 수행했어요. 얽힌 쌍의 입자가 서로 반대 방향으로 이동하고 그중 하나가 얽히는 방식으로 3번째 입자를 만나면 새로운 공유 상태에 들어가는데, 흥미로운 일이 생기지요. 3번째 입자는 정체성을 잃지만 원래 속성이 이제 원래 쌍에서 홀로 있는 입자로 전송된답니다. 알 수 없는 양자 상태를 한 입자에서 다른 입자로 전달한 셈이지요.

그 이듬해인 1998년 차일링거 연구진은 양자 얽힘 교환을 처음으로 시연했어요. 두 쌍의 얽힌 입자를 사용했는데, 각 쌍의 한 입자가 특정한 방식으로 함께 모이면 각 쌍에서 방해받지 않은 입자는 서로 접촉한 적이 없음에도 불구하고 얽힐 수 있답니다.

얽힌 광자 쌍은 광섬유를 통해 서로 반대 방향으로 전송될 수 있으며, 양자 네트워크에서 신호로 기능해요. 두 쌍 사이의 얽힘은 그런 네트워크에서 노드 사이의 거리를 확장할 수 있게 만듭니다. 광자가 흡수되거나 특성을 잃기 전에 광섬유를 통해 전송될 수 있는 거리에는 한계가 있지요. 일반 광신호는 도중에 증폭될 수 있지만, 얽힌 쌍에서는 증폭기를 사용하면 얽힘이 깨지는 문제가 발생해요. 그럼에도 불구하고 얽힘 교환 덕분에 원래 상태를 더 멀리 보낼 수 있답니다. 이전에 가능했던 것보다 더 먼 거리로 전송할 수 있지요.

양자 상태와 그 모든 속성을 조작하고 관리할 수 있으면 예상치 못한 잠재력을 가진 도구에 접근할 수 있어요. 이는 양자 컴퓨터, 양자 정보의 전송 및 저장, 양자 암호화용 알고리즘의 기초랍니다. 2개 이상의 입자가 얽혀 있는 시스템이 현재 사용되고 있지요. 차일링거 연구진이 이를 처음으로 탐구했어요.

점점 더 정교해지는 이런 도구 덕분에 실제 응용이 더 가까워지고 있습니다. 얽힌 양자 상태는 이제 수십 킬로미터의 광섬유를 통해 전송된 광자들 사이에서, 위성과 지상국 사이에서 시연됐습니다. 단기간에 전 세계 연구자들이 양자 얽힘을 활용하는 새로운 방법을 발견했지요. 첫 번째 양자 혁명은 우리에게 트랜지스터와 레이저를 제공했지만, 이제 우리는 얽힌 입자 시스템을 조작하기 위한 최신 도구 덕분에 새로운 시대에 접어들고 있답니다.

확인하기

2022년 노벨 물리학상 수상자들의 연구 내용이 재미있었나요? 조금 어렵게 느꼈을 수도 있겠지만, 양자역학의 기본에 대해 조금은 알게 됐을 거예요. 자, 그럼 지금까지 살펴본 내용을 점검하는 문제를 풀어보세요.

01 19세기 말에 맥스웰이 빛은 전기장과 자기장이 공간 속에서 퍼져 나가는 전자기파임이 밝혀졌지만, 빛을 단순히 전자기파로 보면 설명할 수 없는 현상이 있어요. 무엇일까요?
① 회절
② 간섭
③ 광전효과
④ 편광

02 양자역학이 지배하는 미시세계에서는 예를 들어 전자의 위치와 운동량을 동시에 정확히 알기 힘듭니다. 이를 무슨 원리라고 할까요?
(   )

03 양자역학이란 이름을 지은 사람은 누구일까요?
① 막스 보른
② 에르빈 슈뢰딩거
③ 막스 플랑크
④ 닐스 보어

04 닐스 보어는 상호 배타적인 것들은 상보적이라고 말했습니다. 다음 중 상호 배타적인 물리량이 아닌 것은 무엇일까요?
① 위치와 운동량
② 스핀과 편광
③ 에너지와 시간
④ 입자와 파동

05 다음 중에서 코펜하겐 해석과 관련이 없는 것은 무엇일까요?
① 입자의 상태는 파동함수에 의해 결정된다.
② 전자와 같은 입자들은 입자의 성질과 파동의 성질을 가진다.
③ 모든 물리량은 관측이 가능할 때만 의미가 있다.
④ 양자역학적으로 허용된 상태들은 연속적인 물리량을 갖는다.

06 1935년 세 사람이 '물리적 실재에 대한 양자역학적 서술은 완전하다고 할 수 있을까'란 제목의 논문을 발표하며 EPR 역설을 제기했어요. 이에 속하지 않는 사람은 누구일까요?
① 알버트 아인슈타인
② 보리스 포돌스키
③ 네이선 로젠
④ 존 스튜어트 벨

07 아인슈타인은 '유령 같은 원거리 작용'이라고 비판하고, 슈뢰딩거는 양자
   역학의 가장 중요한 특성이라고 강조한 것은 무엇일까요?
   ① 양자 얽힘
   ② 양자 중첩
   ③ 불확정성
   ④ 상보성

08 최초로 벨 부등식 위배 실험을 수행한 사람은 누구일까요?
   ① 존 스튜어트 벨
   ② 존 클라우저
   ③ 알랭 아스페
   ④ 안톤 차일링거

09 다음 중에서 벨 부등식 위배 실험을 수행할 때 이용하지 않은 것은 무엇일
   까요?
   ① 얽힌 광자 쌍
   ② 편광 측정 필터
   ③ 칼륨 원자
   ④ 먼 은하에서 오는 신호

10 다음은 양자 얽힘 연구와 그 활용 분야에 대한 설명입니다. 이 중에서 틀린
   것은 무엇인가요?
   ① 벨 부등식 위배 실험을 통해 양자 얽힘을 증명했다.
   ② 벨 부등식 위배 실험은 양자역학 분야에서 숨은 변수를 찾는 데 크게 기
      여했다.
   ③ 얽힌 양자 상태는 정보를 저장하고 전송하며 처리하는 새로운 방법을
      제시했다.

④ 양자 얽힘을 통해 양자컴퓨터, 양자통신 같은 양자기술을 활용할 수 있는 토대가 마련됐다.

2022 노벨 화학상

2022 노벨 화학상, 수상자 세 명을 소개합니다!
몸풀기! 사전 지식 깨치기
본격! 수상자들의 업적
확인하기

2022 노벨 화학상, 수상자 세 명을 소개합니다!

−칼 배리 샤플리스, 모르텐 멜달, 캐럴린 버토지

　'클릭' 하면 무엇이 떠오르나요? 컴퓨터 마우스를 누르는 것을 '클릭' 한다고 하지요. 프로그램을 실행할 때 '클릭'만으로 원하는 작업이 빠르게 해결되면 참 편리하다는 생각이 들곤 합니다. 또 다른 의미를 살펴볼까요? 안전벨트를 매거나 버클을 채울 때 딸깍거리는 소리가 나지요. 두 개의 걸쇠가 딱 맞게 '딸깍' 소리를 내며 연결되는데 이러한 소리를 나타내는 의성어를 '클릭'이라고 합니다.

　2022년 노벨 화학상의 주인공은 바로 '클릭 화학'입니다. '클릭 화학' 연구가 노벨상을 수상한 데에는 새로운 화학적 이상을 찾고 단순성과 기능성을 우선시한 것의 의미가 크다고 평가했기 때문입니다. 클릭 화학은 두 분자 간의 반응이 완벽하게, 어떤 조건에서도 이루어지는 화

"

가장 복잡한 자연에서
가장 단순한 방법을 찾다

"

칼 배리 샤플리스

· 1941년 미국 펜실베이니아 출생.
· 1963년 다트머스 칼리지 졸업.
· 1968년 스탠퍼드대학 박사 학위.
· 1980년 미국 매사추세츠공과대학 화학과 교수 부임.
· 1990년 스크립스 연구소 교수 부임.
· 1988년 화학 개척자상 수상.
· 2001년 노벨 화학상 수상.
· 2001년 울프상 화학 부문 수상.

모르텐 멜달

· 1954년 덴마크 출생.
· 1982년 덴마크 공과대학(DUT) 박사 학위.
· 1983년 덴마크 코펜하겐대학 박사후 연구원.
· 2004년 덴마크 코펜하겐대학 겸임교수 부임.
· 2011년 덴마크 코펜하겐대학 화학과 교수 부임.
· 2011년 뱅상 뒤 비뇨상 수상.

캐럴린 버토지

· 1966년 미국 메사추세츠 출생.
· 1988년 하버드대학 박사 학위.
· 1993년 버클리 캘리포니아대 박사 학위.
· 1996년 버클리 캘리포니아대 교수 부임.
· 2001년 ACS 순수 화학상.
· 2012년 하인리히 빌란트상.
· 2022년 웰치 화학상.

[그림 1] 클릭 화학 단순화

두 분자 간의 반응이 쉽게 이뤄지는 클릭 화학.
ⓒ 노벨위원회

학 반응을 말합니다. 마치 마우스 버튼을 '클릭' 하듯 작업이 쉽게 이뤄지는 것을 뜻하기도 하지요. 과연 이러한 '클릭'이 화학에서는 어떻게 작용할까요?

클릭 화학은 분자 조립을 더욱 광범위한 분야에 활용하려는 열망에서 탄생한 개념입니다. 복잡한 합성 화학 지식이 없으면 과학자와 엔지니어들은 작은 분자를 연결해 새로운 특성의 분자를 만들기가 쉽지 않습니다. 여기에서 분자 연결을 쉽게 만드는 화학적 방법인 클릭 화학이 등장한 것이지요. 단순화된 이 개념은 신약 합성, 생명과학, 재료 합성 등 다양한 분야에 걸쳐 수많은 응용 연구의 문을 활짝 열고 있습니다.

클릭 화학을 자세히 살펴보기 전에 먼저 화학이란 무엇인가라는 근원적인 질문에서 출발해 봅시다. 화학이란 물질의 특성, 구성 및 구조, 물질이 겪는 변형, 이러한 과정에서 방출되거나 흡수되는 에너지를 다루는 과학을 말합니다.

자연적으로나 인공적

[그림 2]

클릭 화학의 개념을 이해하기 쉽도록 설명하는 그림.
ⓒ 노벨위원회

으로 생성되는 모든 물질은 수백 종의 원소 중 하나 이상으로 구성됩니다. 이 원자들은 화학 물질의 기본 구성 요소지요. 따라서 화학은 원자의 속성과 그 조합에 관한 법칙을 알아내고, 이를 통해 원하는 목적을 달성하기 위해 어떻게 사용할 것인지를 연구하는 학문이라고 할 수 있습니다. 나아가 물질 간의 다양한 상호 작용에 대해 연구합니다.

그동안 화학자들은 실험실 연구로부터 얻은 지식을 활용해 인류가 사용하기에 유용한 물질을 찾아내고, 대량 생산하도록 이끌어 왔습니다. 요리, 발효, 유리 제조, 야금술은 모두 문명이 시작된 이래로 거슬러 올라가는 화학 공정입니다.

또한 오늘날 플라스틱, 합성섬유, 액정, 반도체, 의약품, 폭약, 핵연료, 전기 배터리는 모두 화학 기술의 산물입니다. 가장 최근에는 화학 및 생물학의 발전이 코로나19 바이러스 백신 개발에 기여하기도 했지요. 오늘날 인류문명은 화학의 발전사라고 해도 과언이 아닐 정도로, 화학을 빼놓고는 현대 생활을 영위할 수 없습니다.

이처럼 18세기에 탄생한 이래 고도로 발전해 온 현대 화학은 자연을 표본으로 삼고 있습니다. 생명 자체도 자연이 만들어낸 화학적 창조물이지요. 생명체 내에서도 엄청나게 복잡한 화학반응이 일어나고 있습니다. 이러한 화학반응은 낮은 온도에서 소리 없이, 매우 빠르게, 환경오염이나 폐기물도 거의 없이 이뤄집니다.

실제 자연에서 일어나는 분자의 합성을 살펴보면, 단순한 반응을 통해 탄소와 탄소 간의 결합을 형성하고 작은 분자들을 연결하며 진행됩니다. 과연 실험실에서 이러한 과정을 따라할 수는 없을까요? 합성 화학은 근본적으로 서로 다른 분자에서 온 탄소들을 연결하는 과정이 핵심입니다. 이들을 억지로 이어 주기 위해서는 인위적인 활성화 과정이 필요합니다. 문제는 이렇게 억지로 화학반응을 일으키다 보면 이 과정에 원하는 생성물과 함께 쓸모없는 부산물이 나오며, 이를 분리하기 위해 많은 시간과 비용이 들기도 한다는 것입니다.

현대 화학에서는 이러한 문제를 해결하기 위해 새로운 개발을 촉진시킬 수 있는 개념의 공식화를 오랫동안 기다려 왔습니다. 그리고 비로소 클릭 화학을 만나게 됐습니다. 과연 클릭 화학은 어떠한 개념일까요?

몸풀기! 사전 지식 깨치기

20세기 노벨상이 시작되면서 화학 역사의 전환점이 시작됐습니다. 노벨 화학상은 클릭 화학과 같은 혁신적인 이론을 통해 계속해서 세상을 이끌고 있지요. 현대 화학은 물리학과 생물학의 경계에서 다양한 연구와 응용이 이뤄지고 있습니다. 구체적으로 어떤 연구 분야가 있는지, 최근 노벨 화학상에서 두각을 나타내는 분야는 무엇인지 먼저 살펴보겠습니다. 화학은 이론적 기반을 제공하는 물리학과 밀접하게 접해 있지요. 다른 한편으로는 모든 화학 시스템 중에서 가장 복잡한 살아 있는 유기체인 생물학의 경계에 위치해 있는 학문이라고도 할 수 있습니다.

노벨상이 시작된 20세기 초 화학의 발전은 물리학의 발전과 궤를 같이 했습니다. 화학은 물질의 특성과 변화를 연구하는 학문으로 그 중심에 물리화학(physical chemistry)이 있습니다. 물리화학은 화학과 관련된 다양한 주제와 현상을 관찰하고 설명하는 데 모형과 가설을 세우고 물리적이고 정량적인 접근 방법을 사용하고 있습니다. 노벨 화학상 수상 분야 중 화학 열역학 및 동역학을 포함한 물리화학이 14개의 상을 받았습니다.

이와 함께 이론화학(theoretical chemistry)도 현대 화학을 여는 데 매우 중요한 역할을 하며 6개의 상을 받았습니다. 이론 화학은 양자 역학, 고전역학, 통계역학, 컴퓨터 계산 등을 이용하여 원자와 분자의 구조와 화학 결합, 그리고 화학 반응 과정을 이론적으로 연구하는 분야입니다.

유기화학(organic chemistry)은 25개 이상의 상을 수상했습니다. 탄소의 특수한 원자 특성으로 인해 유기 화합물의 구조가 거의 무한대로 변하기 때문에 많은 연구가 이뤄질 수밖에 없는 분야입니다. 또한 유기화학은 점점 더 복잡해지는 천연물의 화학을 연구하며 생화학과 접해 있는 분야에서 많은 상을 받았습니다.

생화학(biochemistry)은 유기화학의 한 분야로서 자연계에 존재하는 생명체의 구성과 각 성분들의 화학 반응, 생리 작용 등을 화학적 방법으로 연구합니다. 주로 생명체 내에 존재하는 생체 분자물질의 구조 결정, 작용 기능, 물질대사의 조절 등이 연구 대상이 됩니다. 이러한 생화학적 발견에 대해서는 무려 11개의 상이 수여됐습니다.

물리적·화학적 방법으로 물질의 구조를 조사하여 물질의 성질과 구조를 관련지어 연구하는 물리화학의 한 분야인 구조화학(structural chemistry)이 있습니다. 방법론 개발과 분자 복합체의 구조 결정 등의 연구로 8개의 상을 받은 또 다른 큰 영역입니다. 화학적 과정을 통해 인류에게 유용한 물질로 변화시키는 공업화학(industrial chemistry)은 1931년에 처음 인식되기 시작했지요.

20세기 노벨 화학상의 추세를 볼 때, 21세기에는 컴퓨터 기술의 확장에 힘입어 이론 및 계산화학(computational chemistry)이 번성할 것으로 예상됩니다. '컴퓨터 화학'이라고도 불리는 계산화학이란, 계산으로 이론화학의 문제를 다루는 화학의 분야입니다. 분자나 원자, 또는 원자 구성 입자 등 복잡계인 화학 문제를 컴퓨터의 힘을 이용해 풀고 이들 입자의 행동을 연구하는 것이지요.

앞으로 생물학적 시스템에 대한 연구는 중요성이 더욱 커질 전망입니다. 화학적 신호 및 뇌를 포함한 신경 기능에서 대규모 상호 작용 시스템으로 화학의 연구 분야가 확장될 것을 예측할 수 있겠지요. 앞으로 또 어떤 분야에서 노벨 화학상을 받을 만한 심도 깊은 연구가 이뤄질지 기대됩니다.

분석! 클릭 화학으로 화학을 기능주의 시대로 이끌다

지금까지 화학자들은 자연에서 힌트를 얻어 기존에 알려진 천연 화합물 구조를 만드는 방법을 연구해 왔지만 그 과정은 결코 쉽지 않았습니다. 그렇다면 반대로 오로지 분자가 나타내는 기능에 초점을 맞춰 합성을 하면 어떨까요? 자연이 그랬던 것처럼 말이지요. 이 생각을 개념으로 발전시킨 사람이 있습니다. 그는 바로 2022년 노벨 화학상을 수상한 세 명의 공동 수상자 중 한 명인 배리 샤플리스(K. Barry Sharpless) 교수입니다.

클릭 화학의 개념을 정립한 샤플리스

현재 미국 캘리포니아주 스크립스(Scripps) 연구소에서 근무하는 샤플리스 교수는 1941년 4월 28일 미국 펜실베이니아주 필라델피아에서 태어났습니다. 그는 1968년 미국 스탠퍼드대학에서 유기화학 박사 학위를 취득한 뒤, 하버드대학으로 옮겨 효소학을 공부했습니다. 원래 학사 학위를 받은 후 의대에 진학할 계획이었지만, 화학 교육에 매진한 이유에 대해 유기화학 물질에 대한 순수한 열정 덕분이라고 말한 바 있습니다.

샤플리스 교수는 새로운 잠재적 약물 분자를 연구하면서 탄소 원자 사이의 결합에 주목했습니다. 생체 분자는 대부분 탄소와 탄소로 구성돼 있는데 이는 실험적으로 서로 연결하기가 어렵습니다. 샤플리스 교수는 여기서 생각을 전환시켰습니다. 이미 완전한 탄소 구조를 가진 더 작은 분자로 시작하는 것이지요. 재료 손실도 없애고 부산물 형성을 최대한 줄일 수 있는 방법을 찾았습니다.

1999년 샤플리스 교수는 미국 화학학회 연례회의에서 클릭 화학이라는 개념을 처음 소개했습니다. 그 내용은 매우 강력한 반응에 의존하는 모듈 방식을 사용해, 복잡하고 기능적인 분자가 어떻게 효율적으로 합성될 수 있는지 설명한 것이었습니다. 클릭 화학 개념은 곧 매우 인기 있는 주제로 떠올랐습니다.

2001년 샤플리스 교수는 '금속촉매를 이용한 비대칭 산화 반응' 연구로 첫 번째 노벨 화학상을 받게 됩니다. 그는 특정 범위와 한계가 있는 수많은 방법에 의존하는 대신, 더욱 일반적이면서도 강력하며 높은 수율의 반응을 이끌 구조를 만들어야 한다고 생각했습니다. 그러면 제조 공정을 가속화할 뿐만 아니라 효율적인 테스트로 이어질 수 있기 때문이지요.

결국 그가 지향했던 클릭 화학의 개념 자체는 간단합니다. 연구자가 원하는 특정 성질을 갖는 분자들을 간단한 반응을 이용해 블록처럼 쌓아 연결하는 것입니다. 마치 레고 블록을 쌓듯 말이지요. 샤플리스 교수는 클릭 화학이 천연 분자의 정확한 복사본을 제공할 수 없더라도 동일한 기능을 수행하는 분자를 찾는 것이 가능할 것이라고 말했습니다. 즉, 클릭 화학을 이용하면 우리에게 필요한 물질을 좀 더 쉽고 편하게 대량 생산할 수 있게 될 것이라고 확신한 것이지요.

이케아 조립 가구와 닮은 점과 차이점
그렇다면 샤플리스 교수가 제시한 클릭 화학의 기본적인 원리는 무엇일까요? 노벨위원회는 2022년 노벨 화학상을 발표하며 클릭 화학의 개념을 '이케아 조립 가구 패키지'에 비유한 바 있습니다. 기본적으로 사용자(화학자)에게는 필요한 모든 가구 부품(빌딩 블록), 간단한 연장(매우 좋은 반응)과 같은 사용하기 쉬운 하드웨어들과 누구나 쉽게 따라할 수 있고 신뢰할 수 있는 조립 지침이 제공되기 때문이지요.

이케아 조립 가구 패키지.

다시 말해 규모에 상관없이 어떤 응용 분야에서든 안정적으로 작동하는 강력하고 선택적인 모듈식 블록 세트라고 할 수 있습니다. 그러나 하드웨어가 중요성을 갖는 이러한 패키지와 달리 '반응'은 클릭 화학 개념의 가장 중요한 부분을 구성합니다. 이러한 반응은 기본적으로 벨트 버클에 의해 벨트가 고정될 때 빌딩 블록이 함께 '찰칵' 소리를 내도록 유도해야 하는데 각 반응은 간단하고 효율적으로 연결돼야 합니다. 샤플리스 교수가 제시한 개념에 따르면 다음의 구체적인 기준을 준수해야 합니다.

먼저 이상적으로 공정은 산소와 물에 둔감해야 합니다. 또한 출발 물질과 시약은 쉽게 구할 수 있어야 합니다. 제품은 생리학적 조건에서 안정적이어야 하겠지요. 생성된 화합물은 또한 결정화 또는 증류와 같은 비 크로마토그래피 방법으로 분리하기 쉬워야 합니다. 이 조건을 좀 더 쉽고 간단하게 표현하면 다음과 같습니다.

- 모듈식 → 다양한 빌딩 블록과 함께 사용할 수 있음.
- 높은 수율 → 부산물을 많이 만들지 않고 원하는 제품을 대량으로 만듦.
- 정제가 간단함 → 만약 부산물을 만들었다면 독성이 없고 제거하기 쉬워야 함.
- 간단한 반응 조건 → 고급 장비나 진공 상태에서 작동하지 않음.
- 쉽게 구할 수 있는 출발 물질을 사용 → 희귀하거나 값비싼 화합물 없음.
- 용매 사용 간소화 → 용매를 사용하지 않거나 쉽게 제거되는 물과 같은 양성 물질 사용.
- 신속하게 발생 → 빠르게 진행되는 반응.

아지드 기능을 중심으로 반응 연구

구체적으로 1,3-쌍극자 고리화 첨가 반응 유형이 정의되면서, 반응성과 안정성으로 인해 아지드 기능이 이 개발의 중심 역할을 했습니다. 여기에서 클릭 화학의 토대가 된 1,3-쌍극자 고리화 첨가 반응이 등장합니다(그림 3). 1960년 독일의 화학자 롤프 위스헨(Rolf Huisgen)이 만든 반응이지요. 그는 철저한 전자 분석을 기반으로 새로운 1,3-쌍극자를 예측하고 연구했으며, 이들 중 대부분이 일치하는 방식으로 반응한다는 것을 보여 줬습니다.

위스헨 1,3-쌍극자 고리화 반응

$$\underset{\overset{-}{N}=\overset{+}{N}=N}{\overset{}{\equiv}}H \quad \xrightarrow[\text{100°C}]{\text{18시간}} \quad + \quad$$

[그림 3]

위스헨 반응이라 불리는 1,3-쌍극자 첨가
고리화 반응은 클릭 화학의 기반이 됐다.

1,3-쌍극자 고리화 첨가 반응의 한계

다양한 화학 반응 중에서 샤플리스가 클릭 화학에 가장 적합한 예를 만들기까지, 위스헨 반응이라 불리는 아지드-알킨 고리화 첨가 반응은 매우 중요한 기반이 됐습니다. 아지드-알킨 고리화 첨가 반응은 아지드와 알킨을 섞은 다음 가열하면 둘 사이에 아주 강한 공유결합이 형성되는 반응을 말합니다.

이때 강한 열을 가해 줘야 할 뿐만 아니라 아지드가 접근하는 방향에 따라 생성물이 서로 다른 두 종류로 달라질 수 있습니다. 또한 알킨

클릭 화학의 토대가 된 위스헨 반응을 발견한
독일의 화학자 롤프 위스헨.

이 전자 끝기 그룹에 의해 활성화되거나 고리 변형에 영향을 받지 않는 한, 낮은 온도에서 반응 속도가 늦기 때문에 효율적인 시간 내에 높은 변환으로 진행하기 위해서는 가열이 필요합니다. 해결책은 두 반응물을 공간에 가두어 프로세스를 가속화하는 것입니다.

그러나 현실적으로 에너지가 큰 아지드를 대규모로 합성하는 것은

폭발의 위험성이 있습니다. 아지드는 열, 빛, 압력에 의해 쉽게 폭발할 가능성이 있는 물질이기 때문에 주의해서 다뤄야 합니다.

촉매의 발견으로 맞이한 새로운 국면

이때 촉매 반응이 발견되면서 상황이 극적으로 바뀌었습니다. 촉매란 화학적으로 변하지 않고 다른 화학 반응의 속도에 영향을 주는 물질을 말합니다. 보통 화학반응 속도는 온도가 증가함에 따라 빨라지기 때문에 합성할 때 종종 온도를 높이곤 합니다. 하지만 온도를 높일 수 없거나, 가열해도 반응 속도가 충분하지 않을 때는 촉매를 사용해 반응 속도를 조절할 수 있습니다.

여기에서는 촉매로 구리(Cu)를 추가함으로써 더 낮은 온도에서 반응 속도를 높이고 단 하나의 생성물을 형성함으로써, 클릭 화학의 대표적인 반응을 실현할 수 있게 된 것입니다. 2001년 덴마크의 화학자 모르텐 멜달(Morten P. Meldal) 교수는 구리를 촉매로 쓴 CuAACC(copper-catalysed azide-alkyne cycloaddition) 반응 연구를 통해 구리가 아지드와 말단 알킨 사이의 고리화 첨가 반응을 일으키는 촉매로 작용한다는 사실을 발견했습니다. 같은 시기에 미국에서 샤플리스 교수 또한 구리를 촉매로 식별했습니다.

[그림 4]
멜달 교수와 샤플리스 교수가 발견한
구리 촉매 아지드-알킨 고리화
첨가(CuAAC) 반응.

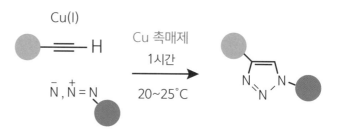

클릭 화학의 조건은 먼저 반응물이 생성물로 거의 모두 전환돼야 합니다. 또 다양한 작용기들에 대해 배타성 또는 직교성을 가져야 하지요. 마지막으로 물과 산소가 있는 조건에서 반응이 진행될 수 있거나, 생성된 결합이 안정적이어야 합니다. 놀랍게도 샤플리스 교수와 멜달 교수는 각각 이 조건을 모두 만족시킬 뿐 아니라, 구리 촉매로 활성화 에너지를 낮춰 상온, 상압에서도 손쉽게 반응할 수 있는 반응을 개발한 것입니다(그림 4).

멜달이 반응 용기에서 발견한 예상치 못한 물질

이쯤에서 2022년 노벨 화학상의 공동 수상자 중 한 명인 덴마크 코펜하겐대학의 모르텐 멜달 교수에 대해 좀 더 알아볼까요? 1954년 1월 16일 덴마크에서 태어난 그는 자신에 대해 "엔지니어로 시작했지만 세상을 이해하고 싶어서 화학으로 전향했다"고 밝힐 정도로 화학에 대한 애정이 깊은 연구자입니다. 그는 샤플리스 교수와 같은 시기에 구리 화합물을 촉매 삼아 질소 원자로 이뤄진 아지드와 탄화수소인 알킨 고리를 버클처럼 끼우는 방식을 개발했습니다. 아지드-알킨 고리화 첨가 반응에 성공해 안전한 5각형의 이종 원자 고리 화합물을 합성한 것이지요.

그의 이러한 연구는 오랜 노력과 예기치 못한 우연에서 비롯됐다고 해도 과언이 아닙니다. 그는 본래 잠재적인 제약 물질을 찾는 방법을 개발하고 있었습니다. 수십만 개의 분자를 포함할 수 있는 거대한 분자 라이브러리를 구축한 다음, 그중 어떤 것이 병원성 과정을 차단할 수 있는지 알아보기 위한 검사를 진행하고 있었습니다.

그러던 어느 날, 알킨과 아실 할라이드를 반응시키던 도중 구리 이

온과 팔라듐을 촉매로 첨가하는 한 반응을 진행하다가 클릭 화학을 발견했습니다. 이로써 두 개의 서로 다른 분자를 연결하려면 구리 이온의 도움으로 분자를 '딸깍' 하고 연결시킬 수 있게 됐습니다. 이를 쉽게 표현하면 그림 5와 같이 설명할 수 있습니다. 클릭 하려면 두 개의 분자가 필요한데. 이들 각각을 '클릭 파트너'라고 부릅니다.

[그림 5] 구리 이론
구리 이론이 첨가된
아지드와 알킨의 반응은
마치 버클이 체결되듯 '딸깍'
하고 쉽게 이뤄진다.

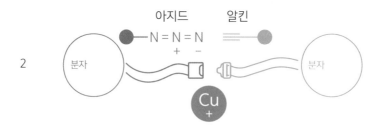

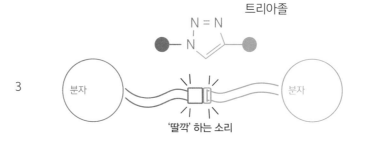

멜달과 샤플리스의 발견이 가져온 중요한 변화

이처럼 멜달과 샤플리스는 두 가지 중요한 변화로 이 반응이 일어나도록 했습니다. 그리고 2002년 멜달 교수와 샤플리스 교수는 각각 구리 촉매 아지드-알킨 고리화 첨가 반응을 소개하는 두 개의 독립적인 논문을 발표했습니다. 샤플리스 교수가 유기화학 관점에서 클릭 화학을 제시했다면, 멜달 교수는 생분자 연결에 사용한 것이 차이점입니다.

결과적으로 반응에 구리를 추가함으로써 클릭 화학의 훌륭한 예를 탄생시켰습니다. 부산물이나 분자의 취급성을 보존하고 복잡한 반응 조건을 요구하지 않게 됐습니다. 샤플리스 교수는 이를 '이상적인 클릭 반응'이라고 설명했습니다.

반응 조건은 간단하게도 24시간 및 실온이었습니다. 작용기 간섭이 적고 다양한, 치환된 1, 2, 3차 및 방향족 아지드가 변환에 쉽게 참여합니다. 아세틸렌 성분의 변동에 대한 내성도 우수합니다. 공정도 간단하며 일반적으로 시약을 휘젓고 순수한 생성물을 여과하는 것 이상을 포함하지 않는 절차에서 종종 트리아졸을 얻을 수 있습니다.

얼마 지나지 않아 구리 촉매 아지드-알킨 고리화 첨가(CuAAC) 반응의 성공적인 발견은 화학계의 뜨거운 관심을 일으켰습니다. 클릭 화학으로 새로운 재료를 생성할 수 있게 됐으며, 그 단순성으로 인해 실험실과 산업 현장에서 모두 대중화가 가능해졌지요. 무엇보다도 클릭 화학은 목적에 맞는 새로운 재료의 생산을 촉진했으며, 이전에는 매우 비실용적이었을 모든 종류의 연구를 가능하게 했습니다.

그러나 여기에서 한 가지 예측하지 못한 점은 생명체에 대한 적용 가능성이었습니다. 미량의 구리라도 세포에는 해로울 수 있습니다. 세포 및 살아 있는 유기체에 대한 구리 이온의 독성으로 인해 응용 분야에서 CuAAC 반응의 사용을 제한해야 했지요. 이를 넘어서기 위해서는 구리를 피하는 조건을 찾아야만 했습니다.

여기에서 2022년 노벨 화학상의 세 번째 주인공 캐럴린 버토지(Carolyn R. Bertozzi) 교수가 등장합니다. 버토지 교수는 자연의 생물학적 과정을 방해하지 않고 생명체의 분자와 상호작용을 연구하는 일련의 화학 반응인 '생체직교화학(bioorthogonal chemistry)' 분야를 창시해 노벨상을 수상했습니다.

생체직교화학의 문을 연 버토지

버토지 교수는 오랫동안 화학과 생물학의 접점에 대해 연구해 온 화학생물학자입니다. 그는 1966년 10월 10일 미국에서 태어나 1993년 미국 버클리 캘리포니아대학에서 박사 학위를 받았습니다. 이번 노벨 화학상 수상으로, 노벨상을 수상한 24번째 여성 과학자이자, 화학상을 수상한 8번째 여성 과학자가 됐습니다.

2015년부터 버토지 교수는 미국 스탠퍼드대학에서 인류의 질병 치료와 건강 개선을 위해 화학, 공학, 의학을 함께 연구하는 사라판(Sarafan) ChEM-H 연구소를 이끌었습니다. 이후 기초 화학 및 생물학에 매진하는 연구자와 의과대학에서 연구와 임상 실험을 실시하는 연구자 사이에 더욱 긴밀한 교류를 만들기 위해 노력했습니다.

그는 다양한 연구 활동을 통해 결핵에 대한 새롭고 저렴한 테스트, 후천성면역결핍증(AIDS, 에이즈)을 일으키는 HIV에 대한 더욱 효율적인 테스트, 세포 표면에서 질병을 유발하는 단백질을 제거할 수 있는 새로운 종류의 의약품 개발 등을 진행했습니다.

무엇보다 2022년 노벨 화학상 수상은 그녀의 가장 뛰어난 성과로

손꼽힙니다. 버토지 교수는 인체에 해로운 구리 촉매를 쓰지 않고도 생체 내에서 클릭 화학 반응을 적용하는 데 성공했습니다. 그녀의 연구는 다른 생체 분자와는 반응하지 않고 원하는 분자만을 선택적으로 결합하는 반응을 실현한 것이지요. 이는 살아 있는 세포나 생명체에 적용 가능하다는 점에서 혁신적이라 할 수 있습니다. 이와 함께 생명현상을 모니터링할 수 있는 새로운 방법을 제시했습니다.

클릭 화학은 다양한 물질이 섞여 있는 용액에서 원하는 반응을 정확하게 끌어낼 수 있었지만, 생체 반응이 끊임없이 일어나는 세포에서는 적용이 어려웠습니다. 생체 내에서는 추가로 약물을 넣어 반응을 촉진하거나 37℃ 이상의 온도를 가해서 반응을 촉진할 수 없기 때문입니다.

만약 클릭 화학의 작용기가 생체 내의 다른 단백질이나 유기물과는 상호작용을 하지 않고 정해진 파트너와만 상호작용을 한다면 원하는 현상을 선택적으로 이끌 수 있겠지요. 이러한 개념이 바로 생체직교화학입니다. 생체의 작용기와 서로 마주치지 않는, 즉 직교하는 클릭 반응을 개발한 것입니다.

버토지 교수는 글리칸을 이해하고 세포 자체를 손상시키지 않으면서 세포에 당을 표시하는 방법을 찾던 중, 클릭 화학에 눈을 돌렸습니다. 글리칸이라는 당사슬은 세포 막(표면)에 위치한 단당들의 결합으로 연결된 화합물로, 우리 몸에서 굉장히 중요한 역할을 합니다. 버토지 교수는 글리칸에 형광 분자를 부착해 쉽게 식별할 수 있도록 하고 싶었습니다. 당과 세포의 다른 모든 분자가 해야 할 일을 방해하지 않는 방식으로 형광 분자를 부착하는 방법을 찾아냈습니다.

버토지 교수가 발견한 방법은 샤플리스 교수와 멜달 교수의 CuAAC 반응을 발전시킨 변형 촉진 아지드-알킨 고리화 첨가(SPAAC, strainpromoted azide alkyne cycloaddition)라 불리는 1,3-쌍극자 고리화 첨가 반응이었습니다(그림 6). 결국 버토지 교수는 구리가 없는 클릭 반응이 글리칸을 추적하는 데 사용될 수 있음을 시연하는 데 성공했습니다(그림 7).

클릭 화학과 생물학적 직교 반응의 만남

버토지 교수의 연구로 이전에는 불가능했던 것이 가능해졌으며, 어려웠던 실험을 수월하게 진행할 수 있게 됐습니다. 예를 들면, 일련번호가 01234567인 특정 지폐를 찾아야 한다고 상상해 볼까요? 이는 상당히 어려운 일입니다. 자신의 손에 넣을 수 있는 모든 지폐를 살펴보고, 일련번호가 찾고 있는 것이 맞는지 일일이 확인해야 하지요.

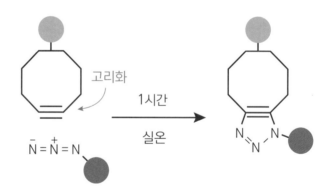

[그림 6] SPAAC
버토지 교수가 발견한 변형 촉진 아지드-알킨
고리화 첨가(SPAAC) 반응.

[그림 7] 구리 없는 클릭 반응을 통한 글리칸 추적

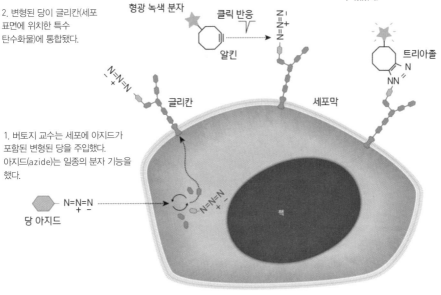

3. 다음 단계에서 버토지 교수는 알킨을 사용해 고리 모양의 분자로 만들었다. 알킨은 아지드와 클릭 했다.

4. 형광 녹색 분자가 고리 모양의 분자 위에 나타난다. 이를 통해 버토지 교수는 세포 표면의 글리칸을 추적할 수 있었다.

2. 변형된 당이 글리칸(세포 표면에 위치한 특수 탄수화물)에 통합됐다.

형광 녹색 분자

클릭 반응

알킨

트리아졸

글리칸

세포막

1. 버토지 교수는 세포에 아지드가 포함된 변형된 당을 주입했다. 아지드(azide)는 일종의 분자 기능을 했다.

N=N=N
+ −

당 아지드

핵

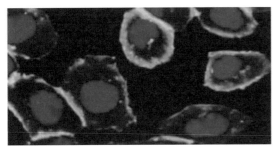

ⓒ 미국 국립과학원 회보

버토지 교수는 변형 촉진 클릭 반응을 사용해 글리칸(초록색)을 추적했다. 세포핵은 파란색으로 표시된다.

우리 몸의 분자를 추적하는 것은 그만큼 어려운 일이었습니다. 생물학적 환경은 매우 복잡하기 때문에 이전에는 실수로 다른 것에 태그를 지정하는 일이 빈번히 발생했습니다. 또 세포의 정상적인 화학을 변경하지 않고, 관심 있는 분자에만 식별장치를 추가하는 것이 불가능했습니다. 그러나 버토지 교수의 새로운 기술을 적용하면 관심 있는 분자가 세포에서 자연스럽게 행동하는 과정을 추적할 수 있습니다.

생체에서 만들어지지 않는 아미노산을 끼워 넣은 새로운 구조의 단백질을 만드는 실험이나, 특정 아미노산에 태그를 달아 단백질이 어떻게 결합되고 분해되는지를 추적하는 실험도 할 수 있게 됐습니다. 생물학적인 직교 반응을 통해 연구자들은 세포의 나머지 부분에 영향을 주지 않고 분자에 GPS 추적기를 추가할 수 있는 것이나 다름없어진 것이지요. 이러한 연구를 통해 생물학에서는 당의 역할에 대한 근본적인 질문을 해결하고 전염병에 대한 더 나은 테스트를 개발하는 것과 같은 실용적인 성과를 가져왔습니다. 암이나 다른 질병 등 세포에서 일어나는 과정을 볼 수 있다면 이를 표적화할 수 있는 새로운 생물학적 의약품을 만들 수 있게 됩니다.

유기화학, 생물학, 재료화학 등 응용의 확장

클릭 화학은 발표된 직후부터 신약 개발과 유기화학, 고분자, 재료화학 등 다양한 분야에 급속도로 쓰이고 있습니다. 단백질이나 합성 고분자가 가진 수없이 반복되는 작용기들을 침범하지 않고 사용자가 원하는 부분만 공유결합으로 연결할 수 있다는 점 때문입니다.

놀라운 사실은 응용 분야가 아직도 확장 중이라는 것입니다. 마치 따라하기 쉬운 요리 레시피처럼 말이지요. 시약 회사들이 판매하는 클릭 화학을 위한 빌딩 블록을 이용하면, 복잡한 과정 없이도 원하는 응용 분야에서 바로 사용할 수 있기 때문입니다. 클릭 화학은 화학, 생물학 및 재료 과학 사이에 있는 다음의 분야에서 더 많은 연구 기회를 열어 주고 있습니다.

암 연구 : 클릭 화학의 가장 유망한 응용 분야 중 하나는 암 연구입니다. 암은 매우 복잡한 병이고, 전통적인 제약 연구 방법으로는 치료가 제한적이었습니다. 그러나 클릭 화학으로 잠재적으로 암세포를 표적으로 삼는 데 훨씬 더 효과적인 화합물을 만들 수 있게 됐습니다.

기존에는 항암제가 건강한 세포와 암세포 모두에 매우 독성이 강한 경우가 많았습니다. 이로 인해 환자에게 사용하기가 매우 어려웠지요. 그러나 클릭 화학을 이용하면 건강한 세포에 해를 끼치지 않고 암세포만을 표적으로 삼을 수 있는 약물을 개발할 수 있습니다. 개발에 성공한다면 질병의 근본 원인을 표적으로 삼는 암 치료법이 나올 수 있을 것으로 보입니다.

대상 유효성 검사 : 클릭 화학은 표적 검증 분야에서도 활용됩니다. 신약의 생물학적 표적을 규명하는 과정이지요. 전통적으로 대상 유효성 검사는 시간과 비용이 많이 드는 과정이었습니다. 일반적으로 다양한 기술을 사용하여 많은 수의 잠재적 대상을 선별해야 했지요. 클릭 화학은 표적 단백질에 결합할 수 있는 능력이 있는지 선별된 소분자 라이브러리를 신속하게 합성함으로써 이 과정을 간소화할 수 있습니다. 이 접근법은 암, 염증 및 알츠하이머 병과 관련된 단백질을 포함해 여

러 표적을 검증하는 데 사용될 수 있습니다.

 신약 및 치료제 개발 : 클릭 화학은 전반적인 제약 연구에 매우 유용합니다. 현재 기존의 제약 공정에는 많은 수의 화합물을 합성하고 이들의 활성을 스크리닝하는 작업이 필요합니다. 이 과정은 비용이 많이 들고 비효율적이며 종종 불순물을 생성해서 약물의 효과를 감소시키기도 합니다. 그러나 클릭 화학을 적용하면 훨씬 더 순수한 형태로 약물을 합성할 수 있습니다. 공정이 훨씬 정확하고 반응 조건을 제어하기가 더 쉬워진 것이지요.

 결과적으로 클릭 화학은 기존 약물의 품질을 향상시키고 더 저렴하게 만들 수 있습니다. 약물 개발과 함께 새로운 치료제 개발도 촉진되고 있습니다. 화학자의 상상력만으로 기존 약물을 수정하거나 처음부터 새로운 약물 분자를 만들 수 있습니다.

 재료화학 : 클릭 화학은 다양한 기능 그룹과 호환되기 때문에 재료화학 분야에 이상적인 도구입니다. 클릭 화학으로 재료의 고유한 특성을 이해하고 신제품을 개발할 수 있습니다. 조직 공학 및 재생 의학을 위한 하이드로겔 설계도 이 분야에 해당합니다.

 방사화학 : 방사화학은 클릭 화학의 도입으로 변형된 또 다른 분야입니다. 양전자 방출 단층 촬영(PET) 및 단일 광자 방출 컴퓨터 단층 촬영(SPECT)과 같은 이미징 기술을 사용해 방사성 물질의 화학 연구에 중점을 둡니다.

화학기능주의 시대를 연 '인식의 변화'

노벨위원회는 2022년 노벨 화학상을 발표하면서 "화학을 기능주의 시대로 이끌었다"라며, "이를 통한 성과는 인류에게 큰 이익을 가져다 줄 것"이라고 말했습니다. 실제로 클릭 화학과 생체직교화학의 두 개념은 과학 전반에 엄청난 변화를 가져오고 있습니다.

더 복잡한 분자를 만들고자 하는 화학자들의 오랜 열망을 실현시켜 주는 도구가 된 것이지요. 시간이 많이 걸리고 생산 비용이 많이 드는 분자 구조 연구가 쉽고 간단한 연구로 전환됐습니다. 간단한 경로로 만들 수 있는 기능 분자는 실험실에 혁명을 일으켰다고 해도 과언이 아닙니다.

이제 세 명의 노벨 화학상 수상자는 과학자들에게 유용한 도구를 선사했을 뿐만 아니라 사람들의 일상에까지 기여하고 있습니다. 화학은 매우 작은 세계에서 원자와 분자를 다루는 연구가 무한한 응용과 거대한 영향력으로 확장되는 분야입니다. 이론에 아이디어가 결합하면 더 나은 재료를 만들고 에너지와 환경, 의료, 식량 안보에 이르는 글로벌 문제까지 해결할 수 있는 엄청난 기회를 제공하기도 합니다.

무엇보다 클릭 화학은 우리에게도 새로운 발견과 영감을 불러일으키고 있습니다. 새로운 개념과 매우 효율적인 방법의 개발은 우리의 지식과 이해의 폭을 크게 넓혀 줬지요. 중요한 것은 계속해서 탐구하는 연구자들의 끝없는 열망과 이를 위한 인식의 전환이라는 점을 다시 한 번 보여 줬습니다. 다음 노벨 화학상에서는 또 어떤 새로운 혁신이 등장할지 기대되는 이유입니다.

확인하기

2022 노벨 화학상 수상자들의 이야기를 잘 읽었나요? 샤플리스 교수와 멜달 교수는 구리 촉매의 발견을 통해 클릭 화학 반응을 이끌어냈습니다. 여기에 버토지 교수는 인체에 해로운 구리 촉매를 쓰지 않고도 생체 내에서 이러한 클릭 화학을 적용하는 방법을 찾았지요. 이들의 노력을 잘 이해했는지 문제를 풀면서 확인해 보세요.

01 다음 중 2022년 노벨 화학상 수상자가 아닌 인물은 누구일까요?
  ① 칼 배리 샤플리스
  ② 롤프 위스헨
  ③ 모르텐 멜달
  ④ 캐럴린 버토지

02 다음 중 클릭 화학의 '클릭'과 관련이 없는 것은 무엇일까요?
  ① 마우스를 누를 때 나는 소리
  ② 안전벨트가 클릭 하고 체결되는 것
  ③ 나무 조각을 반으로 자르는 소리
  ④ 두 개의 걸쇠가 딱 들어맞는 것

03 다음은 화학의 발전에 대한 설명입니다. 이 중 틀린 것을 고르세요.
  ① 화학은 물질의 특성, 구성 및 구조, 물질이 겪는 변형, 이러한 과정에서 방출되거나 흡수되는 에너지를 다루는 과학이다.
  ② 오늘날 플라스틱, 합성섬유, 액정, 반도체, 의약품, 폭약, 핵연료, 전기배터리는 모두 화학 기술의 산물이다.
  ③ 18세기에 탄생한 이래로 고도로 발전해 온 현대 화학은 자연을 표본으

로 삼고 있다.
④ 생명 자체도 자연이 만들어낸 화학적 창조물로서 생명체 내에서는 매우 단순한 화학반응이 일어나고 있다.

04 다음 (   ) 안에 공통적으로 들어갈 단어를 고르세요.
실제 자연에서 일어나는 분자의 합성을 살펴보면, 단순한 반응을 통해 (   )와 (   ) 간의 결합을 형성하고 작은 분자들을 연결하며 진행된다.
① 산소
② 탄소
③ 수소
④ 질소

05 다음이 설명하는 화학의 한 종류는 무엇인가요?
자연계에 존재하는 생명체의 구성과 각 성분들의 화학 반응, 생리 작용 등을 화학적 방법으로 연구한다. 주로 생명체 내에 존재하는 생체 분자물질의 구조 결정, 작용 기능, 물질대사의 조절 등이 연구 대상이 된다.
① 생화학
② 물리화학
③ 유기화학
④ 이론화학

06 다음 설명에서 (   ) 안에 들어갈 말을 순서대로 고른 것은 무엇인가요?
샤플리스와 멜달 교수는 1,3-쌍극자 고리화 첨가 반응에 촉매로 (   )를 추가함으로써 더 낮은 온도에서 반응 속도를 높이고 단 하나의 생성물을 형성함으로써, 클릭 화학의 대표적인 반응을 실현할 수 있게 됐다.

① 금

② 납

③ 구리

④ 알루미늄

07 다음 중 클릭 화학의 반응 조건이 아닌 것은 무엇인가요?

① 모듈식

② 간단한 정제

③ 쉬운 반응 조건

④ 느리게 진행되는 반응

08 다음 중 캐럴린 버토지 교수가 정립한 개념으로 '자연의 생물학적 과정을 방해하지 않고 생명체의 분자와 상호작용을 연구하는 일련의 화학 반응'을 뜻하는 용어는 무엇인가요?

① 생체직교화학

② 생물교차화학

③ 생체접합화학

④ 생물모방화학

09 다음 중 클릭 화학에 대해 맞는 설명을 고르세요.

① 클릭 화학의 조건은 먼저 반응물이 생성물로 일부만 전환돼야 한다는 것이다.

② 클릭 화학은 구리 촉매로 활성화 에너지를 낮춰, 상온, 상압에서도 손쉽게 반응할 수 있는 반응이다.

③ 생체 내에서는 추가로 약물을 넣거나 37℃ 이상의 온도를 가해서 반응

을 촉진해야 한다.

④ 버토지 교수는 클릭 화학의 작용기가 생체 내의 다른 단백질이나 유기물과 상호작용하는 방법을 찾았다.

10 다음 중 클릭 화학의 응용에 대해 틀린 설명을 고르세요.

① 클릭 화학은 잠재적으로 암세포를 표적으로 삼는 데 효과적인 화합물을 만들 수 있다.

② 클릭 화학은 기존 약물의 품질을 향상시키고 더 저렴하게 만들 수 있다.

③ 클릭 화학은 다양한 기능 그룹과 선택적으로 호환되기 때문에 재료화학 분야에서는 적용이 제한적이다.

④ 클릭 화학은 신약의 생물학적 표적을 규명하는 표적 검증 분야에서도 활용될 수 있다.

2022 노벨 생리의학상

2022 노벨 생리의학상, 수상자를 소개합니다!
몸풀기! 사전 지식 깨치기
본격! 수상자들의 업적
확인하기

참고 자료

2022 노벨 생리의학상, 수상자를 소개합니다!

— 스반테 페보

2022년 노벨 생리의학상은 현생 인류의 멸종한 친척인 네안데르탈인의 유전체 서열을 복원, 고유전학이라는 새로운 학문 분야를 개척한 독일의 막스플랑크 진화인류학연구소 소장 스반테 페보(Svante Pääbo)에게 돌아갔습니다.

스웨덴 출신인 페보 소장은 2010년 각고의 노력 끝에 네안데르탈인의 오래된 뼈에서 유전자 정보를 추출, 네안데르탈인의 전체 유전체 정보(게놈)를 확보하는 데 성공했습니다. 또 시베리아 데니소바 동굴에서 발견된 손가락뼈의 유전 정보를 분석해 이 뼈의 주인이 그동안 알려지지 않았던 새로운 종류의 친척 인류라는 사실도 밝혔습니다. 이 새로운 인류는 '데니소바인(Denisovan)'이라는 이름을 얻었습니다.

"

멸종한 친척 인류의
유전체 정보를 밝혀
인간에 대해 더 잘 알게 하다

"

스반테 페보

1955년 스웨덴 스톡홀름 출생.

1986년 웁살라대학 의학박사.

1990년 독일 뮌헨대학 생물학과 교수.

1997년 독일 막스플랑크 진화인류학 연구소 초대 소장 취임.

2016년 생명과학 브레이크스루 상(Breakthrough Prize in
Life Science) 수상.

2020년 일본 상(Japan Prize) 수상.

그는 아프리카에서 발생한 현생 인류, 즉 호모 사피엔스가 7만 년 전 아프리카를 떠나 세계 각지로 퍼지면서 네안데르탈인과 만나 짝짓기를 했다는 사실도 밝혔습니다. 네안데르탈인의 유전자가 오늘날 우리의 유전자 속에도 일부 남아 있다는 사실을 통해 과거의 인간과 네안데르탈인의 관계를 이해할 수 있는 실마리를 제공한 것입니다. 이들 네안데르탈인의 유전자는 오늘날 우리 몸의 면역체계에 영향을 미치는 등 우리 삶에 흔적을 남겨 놓았습니다.

무엇보다 현생 인류와 가장 가까운 친척인 네안데르탈인과 인간의 게놈 정보를 분석하면 과연 인간이 언제 어떻게 다른 친척 인류와 갈라졌는지, 즉 우리 인간이 다른 동물과 다른 특성을 가진 '인간'이 된 과정을 탐구할 수 있게 됩니다. 인간이라는 존재에 대한 본질적 이해에 한 걸음 더 다가서게 되는 것이지요.

페보 소장은 차세대염기서열분석(NSG)과 중합효소연쇄반응(PCR) 등 새롭게 등장한 첨단 기술을 화석 연구에 적용하고, 컴퓨터 알고리즘 및 소프트웨어 등과 결합해 불가능해 보이던 과학적 성취를 이뤄냈습니다.

노벨위원회는 "멸종한 친척 인류의 게놈 정보와 인간 진화에 대한 그의 발견"을 높이 사 노벨 생리의학상을 수여한다고 밝혔습니다. 최근 과학 분야 노벨상은 대부분 2~3명이 공동 수상하는 추세이지만, 페보 소장은 단독 수상자로 선정되어 더욱 눈길을 끕니다.

몸풀기! 사전지식 깨치기

이 글을 읽는 여러분과 저는 무엇일까요? 네, 사람입니다. 우리와 같은 현생 인류를 생물학적으로는 '호모 사피엔스'로 분류합니다. 호모 사피엔스는 언제 어떻게 세상에 나타났을까요? 우리는 어디에서 왔을까요? 인류의 기원은 무엇일까요?

생명은 오랜 진화의 과정을 거쳐 오늘날 극도로 다양하고 풍부한 생태계를 이루고 있습니다. 생명이라 하기 곤란한 바이러스에서부터 하나의 세포로 구성된 극히 단순한 단세포 생물, 바다의 어류, 땅을 채우는 나무와 꽃, 초원을 누비는 포유류와 영장류까지 수많은 생명이 저마다의 신비와 아름다움을 뽐냅니다.

동물로서 우리 인간, 호모 사피엔스는 이렇게 수많은 생명으로 구성된 생태계의 일원일 뿐입니다. 하지만 동시에 인간은 단지 동물만이 아니기도 합니다. 인간은 복잡한 사회를 이루어 살고, 도덕과 윤리를 지키려 하며, 창의적인 행동을 하고, 복잡한 언어로 정교한 지적 활동을 합니다. 자연을 개척하고, 복잡한 도구를 만들며, 새로운 세상을 꿈꾸고, 미래를 생각하며 계획합니다.

우리 인간은 독특한 존재입니다. 하지만 인간은 인간의 친척 동물들과 그렇게 다르지 않습니다. 인간의 유전자는 인간에 대해 많은 것을 설명합니다. 유인원과 인간의 유전자는 거의 98% 일치합니다. 이 작은 차이가 어떻게 우리와 그들을 갈라놓았을까요?

네안데르탈인은 우리 인간과 가장 가깝고, 가장 최근에 사라진 친척 인류입니다. 이들의 유전자 정보를 모두 파악해 인간과 비교하면, 과연 인간을 인간으로 만든 그 작은 차이는 무엇인지 조금 더 확실하게 알 수 있습니다. 우리가 그들의 유전자 정보를 알 수만 있다면 말이지요. 단지 발굴된 뼈의 모양과 구조만으로 멸종된 고인류나 동물의 생활 방식, 신체적 특징을 추정하는 것보다 훨씬 풍부하고 다양한 사실을 알 수 있습니다.

페보 소장은 바로 이 일을 해낸 과학자입니다. 이를 가능하게 한 것은 오래된 화석에서 생명의 흔적을 찾으려는 일에 진심이었던 페보 소장의 의지와 호기심, 그리고 새로운 유전자 분석 기술과 컴퓨터 기법의 등장과 발전이었습니다. 네안데르탈인의 게놈 정보를 밝히고 데니소바인을 발견한 그의 연구를 이해하기 위해 미리 알아 두면 좋을 배경 지식을 먼저 소개하겠습니다.

사라진 우리의 친척들

호모 사피엔스와 가까운 친척 인류를 '호미닌(hominin)', 또는 '사람족'이라고 합니다. 호미닌을 더 세분화해 사람속 또는 호모 속(genus homo)으로 분류하기도 합니다. 현생 인류는 그 안에서 다시 사람종으로 분류됩니다. 네안데르탈인, 즉 호모 네안데르탈시스는 사람속에 속합니다. 페보 소장은 주로 호미닌에 대한 연구를 했다고 할 수 있습니다.

인류의 기원은 멀리 잡으면 6500만 년 전 신생대 시기로 거슬러 올라갑니다. 공룡 시대가 끝나고 포유류와 영장류의 시대가 열린 시기입니다. 이어 530만 년 전 플라이오세(Pliocene)에 호미닌이, 180만 년 전 플라이스토세(Pleistocene)에 호모 속이 나타났다고 알려져 있습니다. 오스트랄로피테쿠스, 파란트로푸스 등 교과서에서 들어 봤을 법한 이름의 호미닌들이 이때 나타났습니다. 이들은 다른 원숭이와 달리 두 발로 걸었고, 그래서 손을 사용할 수 있게 되었습니다.

이어 네안데르탈인을 비롯해 호모 하빌리스, 호모 에렉투스 같은 호모 속이 등장했습니다. 대략 230만 년 전으로 추정됩니다. 호모 속은 아시아, 아프리카, 유럽 등 세계 각지에서 나타났습니다. 호모 속의 가장 큰 특징은 머리가 크다는 것입니다. 정확히는 뇌가 크다는 것이지요. 300만 년 전 오스트랄로피테쿠스의 뇌 용량은 대략 400cc, 오늘날 현생 인류의 뇌 용량은 1400cc 안팎입니다. 대략 3배 정도 뇌가 커진 셈입니다. 400cc라면 현대의 갓난아기, 또는 침팬지의 뇌와 비슷한 크기입니다.

호미닌은 오랜 세월에 걸쳐 원숭이와 분화되고, 갈라지면서 조금씩 인간에 더 가까운 여러 친척 인류로 진화했습니다. 그중 현생 인류와 가장 비슷한 때에 출현한 것이 네안데르탈인입니다.

1856년 독일 뒤셀도르프 인근의 네안데르탈(Neanderthal) 계곡에서 사람 뼈 화석이 나왔습니다. 사람과 비슷하면서도 어딘가 다른 모습의 두개골이었지요. 대퇴부와 오른팔, 왼팔 어깨 뼈 등 신체 다른 부위의 뼈 몇 개도 함께 나왔습니다. '네안데르탈인'이라는 이름은 이 유골이 발견된 곳의 이름을 따서 붙여졌습니다.

이 유골의 주인의 정체에 대해 여러 논란이 있었습니다. 비타민 D 결핍으로 뼈 발육에 문제가 생기는 구루병에 걸린 사람의 유골이라는 주장도 있었습니다. 당시에는 우리 인간과는 다른 종류의 인간이 과거에 살았을 수 있다는 생각은 그리 일반적이지 않았습니다. 다윈의 《종의 기원(The Origins of Species)》이 출간되기 3년 전입니다. 사실 그 이전에 1829년 벨기에 앙기스 동굴에서도 네안데르탈인 아이의 화석이 발견된 적이 있습니다. 하지만 이때도 현생 인류와 다른 종류의 인간이라는 생각은 잘 받아들여지지 않았고, 이 발견은 자연스럽게 묻히고 말았습니다. 이후 네안데르탈인 화석이 발견되고, 현생 인류와는 다른 그들의 정체가 드러나면서 앙기스 동굴 유골도 정체성이 확인되었습니다.

네안데르탈인이 발견되면서 고인류학이라는 새로운 학문 분야가 생겨났습니다. 이들은 현생 인류보다 조금 작지만 보다 다부지고 강건한 체격을 가졌을 것으로 여겨집니다. 키는 성인 남자가 164~168㎝, 성인 여자가 152~156㎝ 정도였고, 뇌 용량은 현대 인류와 비슷한 수준이었습니다.

네안데르탈인은 13만 년 전 유럽에서 나타났습니다. 네안데르탈인의 특징을 가진 최초의 호미닌이 등장한 시기를 따지면 35만 년 전까지 거슬러 올라갑니다. 이들은 유럽을 중심으로 서아시아와 중앙아시아 지역까지 뻗어 나갔습니다. 하지만 현생 인류와 달리 아프리카 남부에서 기원하지는 않았습니다. 이들은 석기를 제작했고 불을 쓸 줄 알았습니다. 동굴 벽화도 그렸습니다. 또 동료가 죽으면 매장하는 풍습도 있었습니다. 사람과 매우 비슷한 생활 방식을 가진 것이지요.

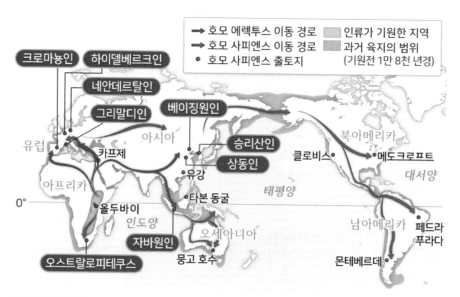

고대 인류의 이동 경로. ⓒ 두산백과사전

네안데르탈인은 대략 3만 3000~2만 4000년 전까지 유럽에서 살다가 사라졌습니다. 아시아에서는 조금 더 일찍 사라진 것으로 보입니다. 약 30만 년 전에 등장한 호모 사피엔스가 고향인 아프리카를 떠나 세계 곳곳으로 흩어지기 시작한 것이 약 7만 년 전이니, 짧게는 수천 년, 길게는 3~4만 년 동안 현생 인류와 네안데르탈인이 공존하며 지냈을 것입니다. 네안데르탈인들이 멸종한 이유는 명확하지 않습니다. 호모 사피엔스와의 경쟁에 밀려 패했다는 설도 있고, 환경 변화에 적응하지 못해 자연스럽게 사라졌다는 주장도 있습니다.

생명 연구의 새 장을 연 중합효소연쇄반응(PCR) 기술

유전자 연구는 생각보다 쉽지 않습니다. 인간의 DNA는 약 32억 쌍의 염기서열로 이루어져 있습니다. 서로 다른 유전정보를 담은 각각의 유전자는 이 DNA 염기서열의 특정 부위에 위치하는 정보를 말합니다. 이 정보는 아데닌(A), 구아닌(G), 사이토신(C), 티민(T)이라는 4종류의 염기 조합에 의해 형성됩니다. 각 유전자는 전체 DNA의 아주 작은 부분을 차지할 뿐입니다. 인간은 대략 2만 개의 유전자를 갖고 있는데, 이는 전체 DNA 염기서열의 2%에 불과합니다.

유전자를 연구하려면 이렇게 DNA의 아주 작은 부분을 갖고 연구해야 합니다. 전체 유전자 중 자신이 알고 싶은 유전자가 어디에 있는지 찾기도 힘들고, 유전자를 찾는다 해도 DNA의 양이 너무 적어 연구에 어려움이 많습니다.

이런 어려움을 해결한 것이 중합효소연쇄반응(PCR, polymerase chain reaction) 기술입니다. PCR은 DNA의 원하는 특정 부분만 골라 복제하고 증폭시키는 기술입니다. 유전물질을 조금만 갖고 있어도, 이를 증폭해 염기서열이 같은 유전물질을 많이 얻을 수 있습니다. 원리를 간단히 설명하자면, 이중나선으로 이뤄진 DNA를 두 가닥으로 떨어뜨린 후, 각각의 가닥에 다시 화학 처리를 해 새로운 이중나선 DNA로 자라게 하는 것입니다.

PCR 3단계

1단계: 변성(denaturation) – DNA 이중나선(double strands)의 분리(95°C)

2단계: 결합(annealing) – 프라이머(primer)의 부착(55°C)

3단계: 확장(expansion) – 뉴클레오타이드(nucleotide)의 첨가 및 복제(72°C)

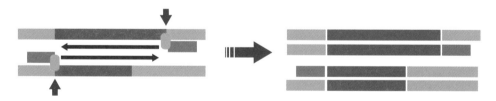

결과: 이러한 단계를 30~40회 반복하면 수백만 개의 복제본을 만들 수 있다.

DNA는 두 개의 가닥이 서로 얽혀 있는 이중나선 구조를 갖고 있습니다. 각 가닥에 있는 4종류의 염기는 수소결합(2개 원자 사이에 수소 원자가 결합함)해 쌍을 이룹니다. A는 T와, G는 C와 서로 짝을 지어 결합합니다. DNA에 90℃ 이상의 높은 열을 가하면 DNA가 두 개의 가닥으로 갈라집니다. 이를 PCR의 '변성' 과정이라고 합니다. 갈라진 각 가닥은 새로 복제 및 증폭될 DNA의 틀 역할을 합니다. 이후 온도를 50~65℃ 정도로 낮추고 각 가닥에 프라이머를 붙이는 '결합' 과정을 진행합니다. 프라이머는 DNA 중합의 시작점이 되는 짧은 유전자 서열입니다. 그래서 시발체(始發體)라고도 합니다. 증폭하고 싶은 유전자 서열의 출발 위치를 나타냅니다.

다시 온도를 72℃로 높이고 여기에 중합효소를 넣으면 중합효소가 가닥에 붙은 프라이머를 인지하고, 거기서부터 가닥에 꼭 맞는 DNA 서열을 합성해 쭉 자라납니다. 이를 '신장'이라고 합니다. 원래 가닥의 C와 결합할 자리에는 G가, A와 결합할 자리에는 T가 생겨 마치 지퍼의 양끝이 맞물리듯 DNA가 형성됩니다. 중합은 단위체나 단량체를 연결해 고분자로 만드는 반응을 말하며, 중합효소란 DNA나 RNA 같은 핵산의 중합 반응을 일으키는 효소입니다.

PCR의 가장 좋은 점은 이런 3단계를 반복할 때마다 DNA가 제곱수로 복제된다는 점입니다. 하나의 DNA 가닥을 복제하면 2개가 되고, 이에 대해 다시 PCR을 돌리면 4개가 됩니다. 이 과정을 10번 반복하면 DNA 가닥 수는 2의 10제곱인 1,024개가 되고, 30번 반복하면 2의 30제곱인 10억 개로 기하급수적으로 늘어납니다. 연구에 충분한 양의 DNA 가닥을 얻을 수 있는 것입니다.

PCR은 이러한 편리함 덕분에 오늘날 바이오 분야의 필수 기술이 되었습니다. 용도도 다양합니다. DNA를 증폭해서 감염병이나 유전 질환을 진단하는 데 사용할 수 있습니다. 생명공학이나 미생물 등의 연구에는 당연히 필수적으로 널리 쓰이고 있습니다. 법의학에도 유용합니다. 범행 현장에 남은 아주 작은 혈흔이나 머리카락에서도 충분한 양의 DNA를 확보해 범인을 추적할 수 있습니다.

PCR은 코로나19 팬데믹을 겪으면서 우리에게도 친숙한 말이 되었습니다. 코로나19에 걸렸는지 진단할 때도 PCR이 쓰이기 때문입니다. 최근 2~3년 사이 모두 몇 번 정도는 코로나 검사를 받았을 것입니다. 코에 가는 막대를 넣어 채취한 검체에서 나온 DNA를 PCR로 증폭해 코로나 바이러스가 나오는지 확인하는 것이 코로나19 진단법의 기본 원리입니다.

이렇게 유용한 PCR 기법은 1980년대 시터스라는 생명공학 회사에서 근무하던 케리 멀리스라는 사람이 처음 개발했습니다. 그는 PCR을 개발한 공로로 1993년 노벨 화학상을 수상했습니다.

인간 유전자의 지도를 그리다, 인간 게놈 프로젝트

유전체는 생명체가 가진 모든 유전적 정보의 총합입니다. 게놈(genome)이라고도 합니다. 유전자는 DNA 속에 있기 때문에 게놈은 곧 세포 속 DNA의 염기서열의 총합입니다.

인간 게놈 프로젝트(HGP, human genome project)는 인간의 게놈을 완전히 파악하기 위한 국제 과학자들의 프로젝트입니다. DNA의 모든 염기서열을 확인하고 여기에서 유전자를 확인하는 것이 목표였습니다. 이를 통해 인간의 유전 정보를 이해하고, 질병 연구나 인간 진화에 대한 이해를 높일 수 있습니다.

이 프로젝트에는 미국 에너지부와 보건부가 30억 달러의 예산을 지원했고 영국과 독일, 일본, 프랑스, 중국 등 세계 각국의 대학과 연구소들이 참여했습니다. 1990년에 시작해 계획보다 2년 이른 2003년에 마무리됐습니다. 이 게놈 정보는 인터넷에 공개되어 누구나 활용할 수 있습니다. 이후 다양한 인종의 사람 1000명의 유전체를 해독하는 '1000 게놈 프로젝트' 등 다양한 게놈 관련 프로젝트들이 진행되면서 인간과 다른 동식물의 유전 정보에 대한 이해를 넓힐 수 있었습니다.

하지만 인간 게놈 프로젝트 이후 꾸준한 업데이트에도 불구하고, 8% 정도는 미지의 영역으로 남아 있었습니다. 이 미지의 영역까지 완전히 밝힌 게놈 프로젝트가 최근 마무리되었습니다. 미국 인간게놈연구소(NHGRI)와 캘리포니아 주립 산타크루즈대학 등 세계 과학자들로 구성된 '텔로미어-투-텔로미어(T2T) 컨소시엄'이 3년간의 작업 끝에 2022년 4월, 완전판 게놈 지도를 만들어 발표했습니다.

이들의 연구로 새로운 염기쌍과 단백질 코딩 유전자의 존재가 추가로 밝혀졌습니다. 특히 DNA 중 기능이 없어 보이는 '쓰레기 DNA' 부분에 대한 연구에 도움이 될 것으로 기대됩니다. 전체 DNA 염기 배열 중에 유전자는 2% 정도를 차지합니다. 염기서열의 정보를 조합해 여러 기능을 가진 단백질을 만들어내는 부분으로, '부호화(encoding) DNA'라고도 불립니다. 나머지는 정보가 없는 무작위 서열이라 '쓰레기 DNA'라고 불립니다. 최근 얼핏 무의미해 보이는 이들 부분도 나름 신체에서 중요한 기능을 하고 있다는 사실들이 속속 밝혀지고 있습니다. 그러나 여전히 이 부분의 정확한 역할이나 기능에 대해선 모르는 것이 훨씬 많아 더 많은 연구가 필요한 상황입니다.

게놈 정보를 파악하고 정리하는 작업에는 유전자 서열을 분석하는 시퀀싱 기술의 발달이 큰 역할을 했습니다. 더 긴 DNA 조각을 더 빨리, 한 번에 더 많이 분석함으로써 염기서열을 빠르고 정확하게 분석하는 기술과 장비들이 잇달아 등장했습니다. 이러한 자동화된 염기서열 분석 방법을 '차세대 유전자 시퀀싱(NGS, next generation sequencing)' 이라고 합니다. 당초 15년으로 예상됐던 인간 게놈 프로젝트가 예정보다 2년 일찍 마칠 수 있던 것도 이 기간 중에 NGS 기술이 빠르게 발달했기 때문입니다. NGS는 새로운 화학 기법과 컴퓨터 연산 능력의 증가 등에 힘입어 지금도 계속 발전하고 있고, 덕분에 과학자들은 더욱 빠르고 값싸게 대용량 염기서열을 분석할 수 있게 되었습니다.

인간 게놈 프로젝트와 PCR, NGS는 페보 소장의 연구에도 결정적 기여를 했습니다. 인간이나 침팬지 등의 광범위한 게놈 정보가 없었다면 네안데르탈인의 화석에서 발견한 유전 정보와 비교해 비슷한 점과 차이점을 발견할 수 없었을 것입니다. 또 PCR과 NGS 최신 기술 및 장비 덕분에 화석에 희미하게 남아 있던 DNA를 빠르고 정확하게 증폭하고 분석할 수 있었습니다.

본격! 네안데르탈인 DNA의 발견으로 인류의 기원을 더욱 자세히 밝히다

스반테 페보 소장은 고유전학이라는 학문 분야를 새로 개척했습니다. 그 이전에는 네안데르탈인처럼 과거에 멸종한 인류를 연구할 때 주로 그들이 남긴 화석의 외형을 분석했습니다. 발굴된 뼈들을 보고 외양을 추측하고, 그들의 신체 구조나 움직이는 방식 등을 짐작할 수 있습니다. 또 함께 나온 유물이나 동물 화석 등을 갖고 사회의 구조나 문화를 추측하기도 합니다.

하지만 본래 주인의 모습을 정확히 알 수 있을 정도로 온전하게 보존된 화석이 나오는 경우는 극히 드뭅니다. 불완전하고 손상된 화석과 유물로 과거 사람들의 신체적 특징이나 사회문화적 활동을 추측하기란 매우 어렵습니다. 반면, 화석이나 유골에서 DNA를 얻어 분석할 수 있다면 이야기가 달라집니다. 그들이 어디에서 왔고, 조상은 누구이며, 어떤 사람들과 짝짓기를 하며 서로 섞였는지 등을 알 수 있습니다. 현대인의 게놈이나 침팬지 같은 유전적으로 가까운 동물들의 게놈과 비교해 어떤 특질을 공통적으로 갖고 있는지, 혹은 인간이 특이하게 새로 얻거나 잃어버린 특질은 무엇인지도 알 수 있습니다. 페보 소장은 이러한 새로운 접근 방법을 시도하고, 여러 어려움을 극복하며 마침내 현실로 옮긴 과학자입니다. 그리고 이 모든 것은 이집트에서 시작됐습니다.

이집트 미라에서 DNA를 추출하다

페보 소장은 이집트 마니아였습니다. 그는 13살 되던 해 어머니와 함께 이집트 여행을 다녀온 후 이집트에 깊이 빠졌습니다. 고대 이집트의 미라와 역사 등에 매료되어 스웨덴 웁살라대학에서 이집트학을 전공했습니다. 하지만 막상 대학에 진학하고 보니 이집트학은 청소년 때 상상하던 모습과는 달랐습니다. 변화가 거의 없고, 세상에 영향을 미치기 어려운 분야였습니다. 결국 그는 의학으로 방향을 돌립니다. 웁살라대학에서 의학을 전공한 후에 의학 분야 기초연구를 하는 연구자의 길로 들어서지요. 페보 소장은 대학원생 시절 질병을 일으키는 바이러스가 인간의 면역 체계를 속여 숙주에서 살아남는다는 사실을 밝혀 주목받았습니다.

이렇게 과학자로서 경력을 쌓는 동안에도 마음속에는 이집트에 대한 열정이 식지 않고 남아 있었습니다. 페보 소장은 핀란드 출신의 이집트학 연구자 로티 홀퇴르와 친해져서 자주 어울리며 이런 저런 대화를 나누었습니다. 페보 소장은 그에게 생물에서 DNA를 추출해 복제하고, 이렇게 나온 염기서열을 분석해 생물의 특징과 진화 과정을 분석하는 분자생물학의 최신 방법론에 대해 설명하곤 했습니다. (당시에는 아직 PCR 기법이 나오기 전이었습니다. 추출한 DNA를 다른 박테리아에 심어 박테리아가 분열할 때 원하는 DNA가 함께 복제되게 하는 방법을 썼습니다.)

그러다 이런 생각을 하게 되었습니다. 지금 하고 있는 연구를 미라에 대해서도 할 수 있지 않을까? 이미 멸종한 다른 생물의 화석에 대해서도 할 수 있지 않을까? 죽은 지 오래된 생물의 유골이나 화석에서도 DNA 정보를 추출할 수만 있다면 불가능한 일은 아닐 것이란 생각이 들었습니다.

그는 사후 조직에 DNA가 남아 있을 수 있는지 확인하기 위해 슈퍼마켓에 가서 송아지 간을 사 왔습니다. 그리고 오븐에 넣고 섭씨 50℃

로 가열한 후 말렸습니다. 이집트에서 미라를 만들 때와 비슷한 방법이었지요. 연구실에 고약한 냄새가 나는 바람에 본업과 별도로 비밀 연구를 하는 것을 교수에게 들킬 뻔했다고 합니다. 미라가 된 송아지 간에서 그는 DNA를 추출할 수 있었습니다. 물론 살아 있는 생물에서 추출한 DNA에 비해 염기와 인산, 당으로 구성된 뉴클레오티드의 길이가 훨씬 짧았지만, 죽은 지 오래된 생체 조직에서도 DNA를 추출할 수 있다는 것은 검증이 되었습니다.

이후 페보 소장은 홀퇴르의 도움으로 박물관에 보관된 이집트 미라에서 조직의 일부를 떼어 올 수 있었습니다. 그는 당시 공산국가였던 동독의 수도 베를린까지 가서 더 많은 미라 조직을 얻었고, 결국 2400년 된 미라에서 DNA를 추출하는 데 성공합니다. 이 연구 결과는 학술지 「네이처」에 실릴 정도로 크게 인정받았습니다. 당시 대학원생이었던 그가 본래 하던 연구 외에 지도교수 몰래 혼자 따로 진행한 연구라는 점을 생각하면 더욱 대단한 성과라 하겠습니다.

이 연구가 계기가 되어 페보 소장은 멸종된 생물에서 DNA를 추출해 유전정보를 복원하는 연구로 진로를 정합니다. 그리고 진화생물학 분야의 가장 훌륭한 학자 중 한 명인 앨런 윌슨 캘리포니아 주립 버클리대학 교수의 연구실에서 박사후연구원으로 활동하게 됩니다.

버클리대학은 PCR 기법을 개발한 멀리스가 대학원생으로 있던 곳으로, 윌슨 교수의 제자 여러 명도 시터스에서 근무하고 있었습니다. 이 학교 사람들은 자연히 PCR에 대해 앞선 기술과 노하우를 갖고 있었고, 페보 소장 역시 PCR에 대해 더 많이 배울 수 있었습니다. 또 이 연구실에서는 멸종한 과거 동물에서 DNA를 추출하는 연구도 진행했습니다. 페보 소장이 훗날 네안데르탈인의 유전 정보를 얻는 데 활용한 기술들을 이때 처음 개발하기 시작했습니다.

불가능을 가능으로!

하지만 오래전에 사라진 고대 생물의 DNA를 대상으로 하는 유전자를 연구한다는 것은 결코 쉽지 않은 일입니다. 이러한 연구를 위해서는 해결되어야 할 과제들이 몇 가지 있었습니다.

특히 페보 소장은 이집트 미라와 멸종한 고대 동물의 DNA에 대한 연구를 하며 죽은 생물의 DNA가 얼마나 빨리 사라지는지, 그리고 얼마 남지 않은 유전 정보도 얼마나 쉽게 오염될 수 있는지 잘 알고 있었습니다. DNA는 매우 불안정한 물질이라, 생물이 죽은 후에는 급격히 분해되어 사라집니다. 수만 년 전에 죽은 네안데르탈인의 DNA가 남아 있을 가능성은 극히 낮습니다. 특별히 건조한 환경이라 사체가 빨리 건조되어 미생물이 활동할 시간이 없었거나, 추운 지역 얼음 속에 묻히는 경우에나 그나마 상태가 나은 DNA 물질이 남아 있을 수 있습니다.

더구나 화석이나 유해에 남아 있는 얼마 안 되는 DNA 조각이 실제 그 주인의 것인지 확인하기도 어렵습니다. 죽은 생물이 분해되면서 다른 미생물의 흔적이 남을 수도 있고, 유해를 연구하던 과학자의 DNA가 묻을 수도 있습니다. 화석을 발굴한 과학자의 DNA를 멸종된 동물의 DNA인 줄 알고 열심히 연구하는 생길 있을 수 있다는 것입니다.

그래서 페보 소장은 시료에 대한 관리를 철저히 하고, 연구실에 외부 오염 요소가 침입할 수 없는 클린룸을 구축하는 등 시료 오염에 집착이라 할 정도로 신경을 썼습니다. 또 DNA 시료를 외부 연구소에 맡겨 추출 과정을 반복하게 해 같은 결과가 나오는지도 확인했습니다. 추출한 DNA 정보가 다른 생물의 것이 아닌, 연구하고자 하는 생물의 정보가 맞는지 정확히 파악하기 위한 각종 화학적, 생물학적 기법을 개발하고 컴퓨터 프로그램과 알고리즘도 활용했습니다. 페보 소장의 연구는 오래된 유해에서 얼마 안 되는 극히 적은 양의 유전물질을 찾아내는 방법을 만들고, 찾아낸 물질을 효과적으로 복제하고 증폭하여 검증하는 기술을 개발해 온 과정이라 할 수 있습니다. 수만 년 전 화석에서도 DNA의 남은 흔적을 찾을 수 있으리라는 실낱 같은 가능성을 믿고 끊임없이 방법을 찾아온 것이지요. 그의 연구에 대해 "불가능한 것을 가능하게 했다"고 한 노벨위원회의 평가는 과장이 아닙니다. 그의 노력은 유전정보 확보와 분석을 통해 진화를 연구하는 방법론의 확립에 큰 기여를 했습니다.

네안데르탈인 뼈에서 미토콘드리아 DNA 발견

미국에서 박사후연구원 과정을 마친 페보 소장은 1990년 독일 뮌헨대학의 교수 자리를 얻어 독일로 갔습니다. 그는 거기에서 인류의 가장 가까운 친척 네안데르탈인의 유전 정보를 추출해 분석한다는 학문적 목표를 착실히 실천에 옮기기 시작했습니다.

네안데르탈인 DNA 연구에 대한 여러 어려움을 고려해 페보 소장은 우선 네안데르탈인의 미토콘드리아 DNA(mtDNA)를 분석하는 일부터 시작했습니다.

미토콘드리아는 세포 안에 있는 소기관으로 세포에 에너지를 공급하는 역할을 합니다. 세포를 위한 에너지 발전소인 셈입니다. 먼 옛날 별도의 세균으로 살았으나, 다른 생물에 잡아 먹혀(?) 세포 안에 들어갔다가 공생하게 된 것이라는 주장도 있습니다.

그래서인지 미토콘드리아는 세포 내 다른 소기관과 달리 자체적으

미토콘드리아 DNA와 핵 DNA

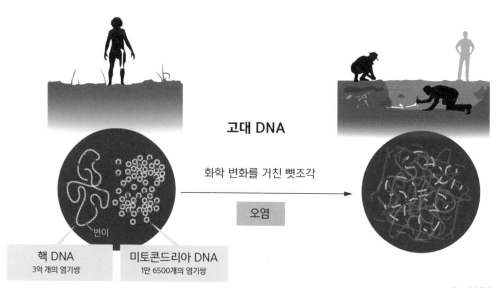

고대 DNA

화학 변화를 거친 뼛조각

오염

변이

핵 DNA
3억 개의 염기쌍

미토콘드리아 DNA
1만 6500개의 염기쌍

ⓒ 노벨위원회

로 DNA를 갖고 있습니다. 이들 mtDNA는 수백 개에서 수천 개의 복제본을 갖고 있습니다. 따라서 부모 양측으로부터 하나씩 받은 2개의 사본만 있는 일반 DNA에 비해 연구하기가 훨씬 좋습니다.

1996년 페보 소장의 연구팀은 약 4만 년 전 네안데르탈인의 뼈에서 61개의 뉴클레오티드가 연결된 mtDNA 조각을 추출했습니다. 그리고 PCR을 돌려 이들 DNA 조각을 복제했습니다. 조심스러운 작업을 거쳐 그의 연구팀은 13개의 조각에서 123개의 복제본을 만들었고, mtDNA 서열은 379개로 늘어났습니다. 이 실험은 다른 대학의 연구실에서도 재현되었습니다. 연구팀은 이 서열이 현대 인간과 매우 다르다는 사실을 확인했습니다. 이것은 중간에 시료를 오염시킨 다른 사람이 아니라, 과거 실제로 살았던 네안데르탈인이 가졌던 mtDNA 서열의 일부였습니다.

379개의 뉴클레오티드가 연결된 네안데르탈인의 mtDNA를 현대인 2,051명과 침팬지 59마리의 상응하는 위치에 있는 mtDNA와 비교한 결과, 현생 인류끼리는 평균 7개, 네안데르탈인과 인간 사이에서는 평균 28개의 위치가 달랐습니다. 네안데르탈인과 인간의 차이는 인간끼리의 차이에 비해 4배 컸습니다. 인간과 침팬지는 평균 55곳 이상에서 차이를 보였습니다.

또 이 연구를 통해 현생 인류와 네안데르탈인이 공통 조상에서 언제 갈라져 나왔는지도 추정할 수 있었습니다. 현재 우리는 한 종류의 mtDNA만 가지며, mtDNA는 모계를 통해서만 전달됩니다. 현생 인류의 모든 사람에게 mtDNA를 물려준 여성, 이른바 '미토콘드리아 이브'는 약 12만 년에서 15만 년 전에 살았던 것으로 과학자들은 보고 있습니다. 반면 인간과 네안데르탈인에게 공통의 mtDNA를 물려준 공통 조상은 50만 년 전에 살았던 것으로 나타났습니다.

이는 오래전에 멸종한 네안데르탈인의 뼈에서 유전 정보를 발굴하고, 이를 분석해 여러 흥미로운 통찰을 얻게 해 준 연구였습니다. 학계에서 페보 소장의 위치를 확고히 한 성과이기도 합니다. 하지만 mtDNA는 생물의 유전 정보와 진화의 과정에 대해 모든 것을 알려 주지는 못합니다. 우리 게놈의 극히 일부인 0.0005%에 불과한데다, 모계로만 전달되기 때문입니다. 페보 소장이 네안데르탈인에게서 세포 핵 DNA 정보를 확보하는 것이 꼭 필요하다고 생각한 이유입니다.

네안데르탈인 세포핵에서 DNA 서열 분석

수만 년 전에 죽은 네안데르탈인 유해의 세포 핵에서 DNA를 찾아 서열을 파악하는 것은 훨씬 어려운 도전 과제였습니다. 하지만 4만 년 전 네안데르탈인의 뼈에서 mtDNA 서열을 판독한 연구 성과 덕분에 핵에서 DNA를 찾는 것도 불가능한 일은 아니라는 희망이 더욱 커졌습니다. 1997년 독일의 유명한 과학 연구기관인 막스플랑크 연구소에 새로 설립된 진화인류학연구소의 초대 소장을 맡은 페보는 보다 풍부한 지원과 인력을 갖고 연구할 수 있게 되었습니다.

이 시기 페보 소장은 동유럽 크로아티아에 있는 제4기 고생물학 및 지질학 연구소에 보관되어 있던 15개의 네안데르탈인 뼛조각을 새로 제공받습니다. 이 뼈들이 발견된 크로아티아 빈디자 지역은 네안데르탈인의 유해가 발견된 대표적인 지역의 하나입니다. 이로써 페보 소장은 DNA를 얻을 수 있는 샘플 자체를 더 많이 확보할 수 있었습니다.

연구에 쓸 수 있는 뼛조각이 늘어난 것만큼이나 이들의 연구에 기여한 또 하나의 일이 이때 생깁니다. 454라이프사이언스라는 미국의 생명공학 기업과 협력해 이 회사가 개발한 최신형 유전자 염기서열 분석 장비를 사용할 수 있게 된 것입니다.

이 회사는 파이로시퀀싱(pyrosequencing)이라는 새 분석 기법을 동시에 대량으로 실시하는 자동화 분석 장비를 개발했습니다. DNA 중합효소가 DNA 가닥을 새로 만들 때 효소 작용에 의해 빛이 발생하는데, 이 빛을 감지해 어떤 뉴클레오티드가 DNA 사슬에 붙는지 구분하는 것이 파이로시퀀싱입니다. 454라이프사이언스는 한 번에 수십만 개의 DNA 가닥들에 대해 파이로시퀀싱을 할 수 있는 장비를 만들었습니다. 어떤 반응에서 빛이 나는지를 대규모로 추적하는 기술을 적용해 동시에 20만 개의 DNA 단편을 해독할 수 있었습니다.

이러한 기술적 발전과 지속적 연구를 통해 페보 소장은 2006년 100만 개의 네안데르탈인 유전정보를 시퀀싱하여 공개했습니다. 이어 2010년 마침내 네안데르탈인 게놈 전체의 염기서열을 작성하는 데 성공했습니다.

이에 따라 고인류학의 오랜 궁금증 중 하나에 대한 답을 찾을 수 있게 되었습니다. 바로 현생 인류와 네안데르탈인이 서로 짝짓기를 했는지 여부입니다. 현생 인류인 호모 사피엔스는 30만 년 전 아프리카에서 등장해, 7만 년 전 중동과 세계 각지로 퍼져 나갔습니다. 이를 '아웃 오브 아프리카(Out of Africa)' 사건이라고 부릅니다. 네안데르탈인은 40만 년 전에서 3만 년 전 사이에 유럽과 서아시아 지역에서 살았습니다. 이들은 같은 지역에서 함께 살았던 시기가 있지만, 서로 어떤 유전적 영향을 주고받았는지는 명확하지 않았습니다.

네안데르탈인의 게놈과 현대 유럽, 아시아, 아프리카인 등의 게놈을 비교 분석한 결과, 네안데르탈인의 게놈은 아프리카에 기원을 둔 사람들보다는 유럽과 아시아에 기원을 둔 사람의 게놈과 더 비슷했습니다. 네안데르탈인은 아프리카 사하라 사막 이남 지역에 간 적이 없습니다. 따라서 이 차이는 호모 사피엔스가 아프리카를 떠난 후 다른 지역에서 네안데르탈인과 짝짓기를 해 유전자가 섞였음을 의미합니다. 페보 소장은 유럽이나 아시아 지역 현생 인류가 가진 게놈의 1~4%가 네안데르탈인에서 유래한 것으로 결론지었습니다.

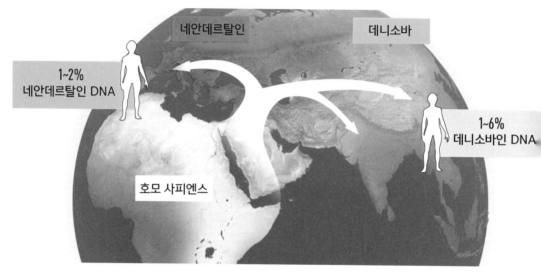

아웃 오브 아프리카

네안데르탈인

데니소바

1~2%
네안데르탈인 DNA

1~6%
데니소바인 DNA

호모 사피엔스

© 노벨위원회

몰랐던 친척, 데니소바인을 발견하다

한편, 페보 소장의 연구팀은 2009년 러시아의 고고학자로부터 오래된 뼛조각을 하나 제공받습니다. 러시아 시베리아 지역 데니소바 동굴에서 발견된 이 뼈는 새끼손톱보다도 작은 크기였고, 아마 어린 아이의 손가락 끝마디에서 나온 뼈일 것으로 추정되었습니다.

이 손가락뼈는 보존 상태가 매우 좋은 편이어서, 연구진은 여기에서 다량의 mtDNA를 찾아낼 수 있었습니다. 3만 443개의 mtDNA를 찾아 미토콘드리아 게놈을 정확하게 복원했습니다. 이 게놈을 네안데르탈인과 현생 인류의 게놈과 비교한 결과, 이들과 현생 인류의 차이는 네안데르탈인과 현생 인류와의 차이보다 유의미하게 더 컸습니다.

네안데르탈인은 202개의 서열 위치에서 현대인과 차이를 보였는데, 데니소바 샘플은 현대인과 385곳에서 차이를 보였습니다. 또 이들의 mtDNA는 약 100만 년 전 인류의 조상에서 갈라진 것으로 나타났습니다. 네안데르탈인과 인류가 50만 년 전에 갈라졌는데, 이들은 두 배나 더 멀리 떨어진 시기에 갈라졌습니다.

우리가 알지 못했던 새로운 친척 인류를 발견한 것입니다. 이들은 뼈가 발견된 곳의 이름을 따서 '데니소바인'이라는 이름을 얻었습니다. 전체적인 모습을 추정케 할 주요 뼈 부분이 발견되지 않은 상태에서, 오직 작은 뼛조각에서 추출한 DNA 정보만으로 새로운 친척 인류의 존재를 확인했다는 점에서도 의미 있는 연구입니다.

데니소바인 역시 네안데르탈인과 마찬가지로 현생 인류와 짝짓기를 해 유전자를 교환했습니다. 게놈을 비교 분석해 보니, 남태평양 멜라네

호모 사피엔스, 네안데르탈인, 데니소바인의 분기

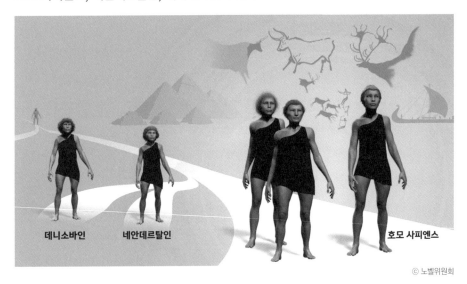

데니소바인　　네안데르탈인　　　　　　　　호모 사피엔스

© 노벨위원회

시아 지역 사람들과 일부 동남아시아 사람들은 전체 게놈 중 약 6%까지 데니소바인의 DNA를 가진 것으로 나타났습니다. 현생 인류는 7만 년 전 아프리카를 벗어나 다른 지역으로 이주하면서 네안데르탈인과 데니소바인들과 짝짓기를 한 것입니다.

사라진 친척 인류의 유산

호모 속의 다른 친척 인류들은 이제 지구에 남아 있지 않습니다. 우리들 호모 사피엔스만 유일하게 살아남았습니다. 하지만 네안데르탈인이나 데니소바인의 흔적이 완전히 사라진 것은 아닙니다. 그들의 유전자는 아직 우리 몸 안에 남아 이어져 가고 있습니다. 그런 의미에서 이들이 완전히 멸종했다고 하기는 어려울지도 모르겠습니다.

이들이 남긴 유전자는 우리의 삶에도 어느 정도 영향을 미치고 있습니다. 생존에 도움이 되는 형질이라 도태되지 않고 계속 남아 있는 것으로 보이지만, 때로는 우리 건강에 안 좋은 영향을 미치기도 합니다. 이를테면, 높은 산지에 사는 티벳 지역 사람들은 몸 안에 고산 지대 적응을 돕는 EPAS1이라는 유전자를 갖고 있는데, 이것은 데니소바인에게서 온 것입니다. 또 현생 인류가 가진 TLR6 등 3종의 수용체는 미생물 감지나 알레르기 반응에 관여하는데, 이들은 네안데르탈인에게서 유래한 것으로 보입니다.

최근에는 네안데르탈인의 유전자가 코로나19에 걸렸을 때 중증으로 진행될 위험을 높일 수 있다는 연구 결과도 나왔습니다. 중증 코로나19 환자와 일반인의 게놈을 분석해 보니 중증 환자군은 3번 염색체의 특정 영역이 병에 걸리지 않은 사람과 다른 경우가 많았습니다. 3번 염색체 영역에는 호흡기 바이러스에 대응하는 유전자나, 바이러스가

인체에 침투할 때 사용하는 단백질과 상호작용하는 단백질을 만드는
유전자 등이 있습니다. 이 연구를 수행한 막스플랑크 진화인류학 연구
소와 스웨덴 카롤린스카 연구소 연구팀은 이들 유전자가 약 6만 년 전
네안데르탈인에게서 옮겨 온 것으로 보인다고 밝혔습니다. 네안데르탈
인과 데니소바인의 게놈에 대한 연구를 통해 현생 인류의 건강과 질병
에 대한 새로운 통찰을 많이 얻을 수 있을 것으로 기대됩니다.

네안데르탈인과 호모 사피엔스의 TKL1 유전자 비교

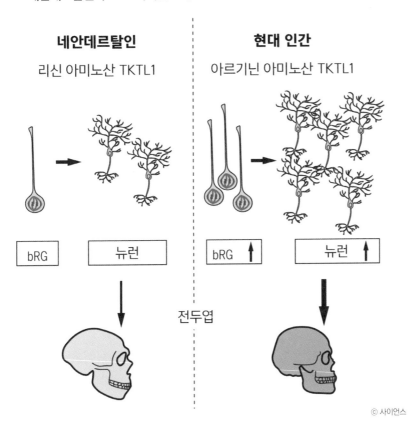

© 사이언스

또한 이들 친척 인류와 우리의 게놈을 비교해, 우리를 이들과 다른 인간으로 만든 요인들은 무엇인지 따져보는 연구도 싹을 틔우고 있습니다. 얼마 전 독일 연구진은 현생 인류와 네안데르탈인의 게놈을 비교해, 둘 다 TKL1이라는 유전자를 갖고 있지만 유전자의 유형이 다르다는 점을 발견했습니다. 이 유전자는 뇌의 신피질에서 신경세포 생성을 촉진하는 역할을 합니다. 신피질은 주로 기억과 감각 등 정신 활동과 관련된 부분입니다. 쥐 유전체에 네안데르탈인이 가졌던 유형의 TKL1과 현생 인류가 가진 유형의 TKL1을 각각 넣어 보니 현생 인류의 TKL1을 넣은 쪽에서 신경세포가 더 많이 생겼습니다. 이는 줄기세포로 만든 인공 미니 뇌 오가노이드로 실험해도 마찬가지였습니다.

페보 소장의 연구 성과를 바탕으로, 과학의 근원적 질문 가운데 하나인 '우리는 누구인가?'라는 질문에 대답하기 위한 다양한 연구들이 앞으로 많이 나올 것으로 기대됩니다.

7번째 부자 노벨상 수상자

페보 소장의 노벨상 수상에는 재미있는 뒷이야기가 있습니다. 바로 그가 역대 7번째 '부자(父子)' 노벨상 수상자라는 점입니다. 그의 아버지인 스웨덴 생리학자 수네 베르그스트룀은 프로스타글란딘(prostaglandin)이라는 호르몬 물질에 대한 연구로 1982년 노벨 생리의학상을 받았습니다. 프로스타글란딘은 염증이나 암에 대항해 열을 일으키는 염증 반응을 비롯해 혈소판 응집이나 혈관 이완 등에 관여하는 물질입니다.

그런데 아버지와 아들의 성이 다르네요? 페보 소장은 베르그스트룀의 혼외 자식으로 태어났습니다. 페보는 에스토니아 출신 화학자인 어머니의 성입니다. 페보 소장의 아버지는 혼외 관계를 가족들에게 숨겼고, 본처의 아들은 페보와 동갑이었지만 그의 존재를 2004년쯤에야 알았다고 합니다.

페보는 아버지와 마찬가지로 의학에서 출발해 과학의 길로 들어섰고, 아버지가 노벨 생리의학상을 받은 해로부터 40년 후인 2022년 역시 노벨 생리의학상을 수상했습니다. 이들을 두고 '부전자전(父傳子傳)'이라고 해야 할까요? 보통 사람으로선 부러운 일이 아닐 수 없습니다.

확인하기

2022 노벨 생리의학상 이야기를 잘 읽었나요? 과학적 호기심을 호기심에서 그치지 않고 직접 송아지 간을 사서 실험해 볼 정도로 열정적이었던 페보 소장의 일화가 매우 인상적입니다. 다음의 문제를 통해 노벨 생리학상의 내용을 다시 한번 확인해 봅시다.

01 2022년 노벨 생리의학상 수상자는 누구일까요?
① 제니퍼 다우드나
② 엘런 윌슨
③ 스반테 페보
④ 허준이

02 다음 중 스반테 페보 소장이 게놈 정보를 발견한 친척 인류를 모두 고르시오.
① 네안데르탈인
② 호모 에렉투스
③ 베이징원인
④ 데니소바인

03 현생 인류 호모 사피엔스가 등장한 곳은 오늘날의 어디인가요?
① 중국
② 그린란드
③ 이라크
④ 아프리카

04 DNA의 원하는 부분만 골라 복제하고 증폭하는 기술을 무엇이라 부를까
   요?
   ① PCR
   ② COVID19
   ③ CRISPR
   ④ PQR

05 인간이 가진 모든 유전 정보를 파악하기 위해 1990년대에 시작된 과학자
   들의 국제 연구 과제가 있었습니다. 무엇이었을까요?
   (   )

06 페보 소장이 멸종한 친척 인류의 DNA를 연구하기 위해 가장 신경 썼던 것
   은 무엇이었나요?
   ① 언론 홍보
   ② 유해 발굴
   ③ 시료 오염 방지
   ④ 이집트 여행

07 다음 중 페보 소장이 네안데르탈인의 뼈에서 가장 먼저 추출해 게놈 정보
   를 확인한 것은 무엇인가요?
   ① 미토콘드리아 DNA(mtDNA)
   ② 아미노산
   ③ 혈흔
   ④ 세포핵 DNA

08 복잡한 유전 정보를 담고 있는 DNA 서열을 빠르고 정확하게 분석하도록
   도와주는 현대 생명공학 기술을 무엇이라 부르나요?
   (   )

09 현생 인류가 기원한 곳으로, 네안데르탈인과 현생 인류가 만나지 않은 지
   역은 어디인가요?
   ① 유럽
   ② 아시아
   ③ 아프리카
   ④ 시베리아

10 페보 소장의 연구팀은 데니소바인의 DNA를 어디에서 추출했나요?
   ① 발가락 뼈
   ② 두개골
   ③ 손톱
   ④ 손가락 뼈

참고 자료

2022 노벨 물리학상

- 위키피디아 https://www.wikipedia.org/
- 노벨위원회 공식 홈페이지(https://www.nobelprize.org) 및 보도자료
- 물리학백과, 천문학백과, 화학백과, 네이버캐스트의 물리산책, 지식백과 등
- 「과학동아」 2022년 11월호 기사 〈THE 2022 노벨상 NOBEL PRIZE〉 중 〈물리학상 – 벨 부등식 위배 입증 양자역학 논쟁을 끝내다〉
- 「동아사이언스」 2022년 10월 5일 기사 〈[과학자가 해설하는 노벨상] 아인슈타인도 설명 못한 양자현상, 실험으로 증명하다〉
- 「동아사이언스」 2022년 10월 4일 기사 〈[노벨상 2022] 양자컴퓨터 · 양자통신 시대 연 과학자 3명, 물리학상 영예〉
- 「사이언스타임즈」 2022년 10월 19일 기사 〈중첩과 얽힘 그리고 양자컴퓨터에 관한 고찰〉
- 「삼성디스플레이 뉴스룸」 2019년 9월 11일 기사 〈[테크 트렌드] 알아두면 쓸모 있는 양자역학 이야기–슈뢰딩거의 고양이와 양자중첩〉
- 「한겨레」 2022년 10월 5일 기사 〈노벨물리학상에 양자역학 원리 증명한 과학자 3명〉

2022 노벨 화학상

- 노벨위원회 2022년 노벨 화학상 보도자료
  https://www.nobelprize.org/prizes/chemistry/2022/press-release
- 노벨위원회 〈2022년 노벨 화학상의 과학적 배경〉
  https://www.nobelprize.org/prizes/chemistry/2022/advanced-information
- 유럽화학협회 2022년 10월 6일 〈2022년 노벨 화학상: 클릭 화학 및 생체 직교 화학〉
  https://chemistry-europe.onlinelibrary.wiley.com/doi/toc/10.1002/(ISSN)9999-0001.Chemistry-Nobelprize-2022
- 미국화학학회 2021년 06월 23일 〈클릭 화학 소개〉
  https://pubs.acs.org/doi/10.1021/acs.chemrev.1c00469
- 「네이처」 2022년 1월 12일 기사 〈기능 발견을 위한 클릭 화학 연결〉
  https://www.nature.com/articles/s44160-021-00017-w
- 「가디언」 2022년 10월 5일 기사 〈'클릭 화학' 과학자 3명, 노벨상 공동 수상〉

https://www.theguardian.com/science/2022/oct/05/three-click-chemistry-scientists-
win-nobel-prize
• 「스크립스 리서치 매거진」 2019년 봄/여름호 기사 〈클릭 화학〉

2022 노벨 생리의학상

• 노벨위원회 홈페이지
  Press release https://www.nobelprize.org/prizes/medicine/2022/press-release/
• 노벨위원회 홈페이지 〈과학적 배경〉
  Scientific background: Discoveries concerning the genomes of extinct hominins and
  human evolution
• 《잃어버린 게놈을 찾아서》, 스반테 페보, 부키(2015).
• 지디넷 2022년 10월 3일 기사, 〈노벨상 2022-페보 박사, 네안데르탈-데니소바인 통해 현생 인류
  기원 추적〉
• 「주간조선」 2022년 10월 12일 기사 〈"인류 어디서 왔을까" 질문에 "우리 안에 네안데르탈인 있다"
  답해〉
• BBC뉴스코리아 2022년 2월 10일 기사 〈네안데르탈인의 멸종, 잔혹한 학살 때문이 아니다〉
• 지디넷 2022년 4월 1일 기사 〈인간 유전체 정보, 남은 퍼즐 조각 모두 찾았다〉
• KISTI 과학향기 2022년 10월 31일, 〈호모 사피엔스가 네안데르탈인보다 똑똑한 이유〉
• 「동아사이언스」 2020년 10월 28일 기사 〈코로나19 중증 비밀 '네안데르탈인 유전자'에 있다〉
• 「사이언스타임스」 2020년 7월 6일 기사 〈네안데르탈인 유전자, 코로나19 중증 유발〉